DESTILADOS
com design

Edição e Preparação de Texto: Bruna Baldez
Coordenação de Revisão de Texto: Marcelo Nardeli
Revisão de Texto: Júlia Campoy
Coordenação de Arte: Antonio Carlos de Angelis
Projeto Gráfico, Capa e Editoração Eletrônica: Manuela Ribeiro
Imagem de Capa: ® Sneaky Tony's
Impressão e Acabamento: Piffer Print

Av. Engenheiro Eusébio Stevaux, 823 – Prédio Editora
Jurubatuba – CEP 04696-000 – São Paulo – SP
Tel. (11) 2187-4450
editora@sp.senac.br
https://www.editorasenacsp.com.br

Dados Internacionais de Catalogação na Publicação (CIP)
(Simone M. P. Vieira – CRB 8ª/4771)

Gurgel, Miriam
Destilados com design / Miriam Gurgel; Agilson Gavioli. – São Paulo : Editora Senac São Paulo, 2024.

Bibliografia.
ISBN 978-85-396-4472-8 (Impresso/2024)
e-ISBN 978-85-396-4471-1 (ePub/2024)
e-ISBN 978-85-396-4470-4 (PDF/2024)

1. Gastronomia : Bebidas 2. Bebidas fermentadas (História) 3. Bebidas destiladas (História) 4. Bebidas destiladas (Produção) 5. Bebidas compostas 6. Bebidas alcoólicas I. Gavioli, Agilson. II. Título.

24-2193r CDD – 641.2
BISAC CKB088000

Índices para catálogo sistemático:
1. Bebidas alcóolicas: Gastronomia 641.2

MIRIAM GURGEL
AGILSON GAVIOLI

Editora Senac São Paulo – São Paulo – 2024

SUMÁRIO

DESIGN E OS ESPAÇOS 83

NOTA DO EDITOR

Qual o impacto do design sobre os diferentes estilos de cada época? E o que a produção estética tem a ver com nossos costumes, comemorações e os espaços que frequentamos para socializar e brindar?

Em conversa com obras anteriores publicadas pelo Senac São Paulo – *Cerveja com design*, *Café com design* e *Vinho com design* –, *Destilados com design* promove um encontro do universo dos destilados com o mundo fascinante do design, revelando como a arte de criar bebidas e o design de bares e ambientes evoluíram juntos ao longo dos séculos.

O livro nos conta a história dos destilados – da Antiguidade até os dias de hoje –, os detalhes sobre o processo de destilação e os alambiques, além de exaltar a presença de bebidas icônicas, como a cachaça e o gin, na coquetelaria e na gastronomia. Também discorre sobre a influência do design nos bares no decorrer do tempo, da época do Faroeste ao pós-pandemia; dos *speakeasies* da era da proibição aos bares sustentáveis e arrojados do século XXI.

O Senac São Paulo, neste lançamento, traz um conteúdo inédito para os apreciadores de drinks, coquetéis e design, proporcionando uma leitura que une aspectos da tradição e inovação. Uma viagem sensorial que celebra a combinação perfeita entre sabor e estilo.

Meu carinho especial vai
para o pessoal do Boho Bar, em Odessa,
Ucrânia, que mesmo em guerra me forneceu
fotos do bar inaugurado em 2021.

Espero, do fundo do meu coração, que vocês não
tenham sido destruídos nessa guerra tão cruel!

MIRIAM GURGEL

Agradeço primeiramente à minha família, que sempre me incentivou a estudar, me ensinou da vida e me fez crescer como pessoa. Agradeço também à minha parceira de escrita, Miriam Gurgel, que topou o desafio de escrever mais uma obra, e aos muitos amigos – os presentes e os que já se foram –, que me ensinaram a apreciar as mais diversas bebidas com a humildade de reconhecer em cada uma delas uma parte da cultura e da história da civilização humana.

Agradeço às pessoas queridas do Senac, que me impulsionaram e me trouxeram até aqui, a Juliana T. Reis, Marcela Abila, Gabriela M. Favaro e tantas outras, que não seria possível listar por falta de espaço, que compartilharam seu tempo, paciência e conhecimentos comigo.

AGILSON GAVIOLI

Este livro é para você, que
gosta de design sem nenhuma
moderação e que aprecia um bom
drink com total moderação!
MIRIAM GURGEL

Da terra ao alambique,
Do copo à alma,
cada povo tem num destilado
um símbolo de sua cultura.
Eternizada em fogo que arde,
pura energia que acalma.

Dedico mais uma vez este livro à minha mulher Vera, a meus filhos Alexandre, Felipe e Renato, e também à Lidiana, mais filha do que nora, à Alice, que agora já me encontra nas livrarias lendo a lombada dos livros, e a todos os que contribuíram com imagens, informações, coquetéis e ajudaram a concretizar este projeto.

AGILSON GAVIOLI

INTRODUÇÃO

O DESIGN ESTÁ
EM TODA PARTE

Beber controladamente entre amigos é uma das formas mais gostosas e tradicionais de socialização. Da Grécia e Roma antigas e dos cafés franceses aos pubs ingleses, como já vimos nos outros livros desta coleção, os espaços de confraternização sempre foram importantes para a população de diferentes locais e épocas.

Cafeteria, vinoteca, cervejaria, coquetel bar ou bar: seja qual for a denominação desses estabelecimentos, eles foram e são locais onde se conversa sobre o dia a dia, onde foram discutidas resoluções políticas importantíssimas em nossa história, além de resoluções empresariais e criativas que mudaram o rumo de indústrias, como no caso da indústria automobilista americana nos pubs de Detroit.

E o que seria de tudo que nos circunda se o design não existisse? Esse processo criativo que está por toda parte será analisado neste livro não somente enquanto aplicado na criação de locais de consumo de coquetéis e bebidas, mas também no bar dentro de casa, que de certa forma reapareceu durante a pandemia que vivemos a partir de 2019.

Esses estabelecimentos de confraternização, com seus coquetéis e bebidas preparadas por bartenders, aguçam nosso paladar com as criações mágicas provenientes da mistura de diferentes ingredientes. Já nossos olhos, nosso tato e principalmente nossa imaginação são estimulados através de um cuidadoso design aplicado à parte estética dos drinks e bebidas.

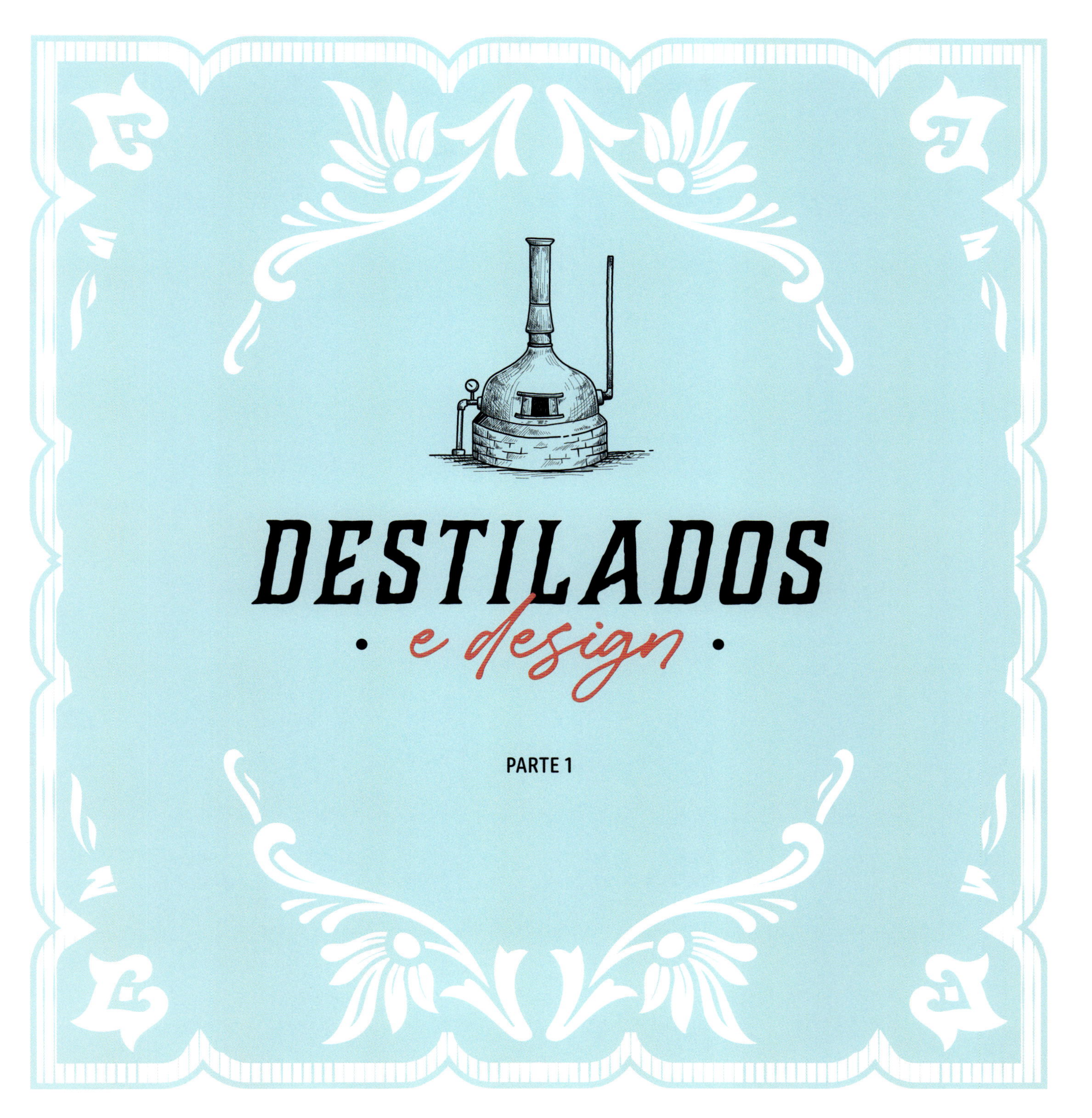

DESTILADOS
e design

PARTE 1

As bebidas alcoólicas acompanham a humanidade e sua evolução mesmo antes de a história existir, conforme já exposto em nossas obras anteriores desta coleção, os livros *Cerveja com design*, *Vinho com design* e *Café com design*.

Os seres humanos sempre procuraram algo que tivesse ligação com o divino, e as bebidas alcoólicas permeiam parte dessa procura, seja pelo efeito que provocam na consciência humana, seja pelo incompreensível desse efeito, por carregarem em si o próprio espírito voluntarioso.

Inicialmente, as bebidas alcoólicas eram consumidas apenas fermentadas. Foi a partir da descoberta do processo de destilação que elas ganharam, além de potência alcoólica, sua atemporalidade, passando a ser produzidas em qualquer época do ano, independentemente de estações climáticas ou período de colheita.

Os fermentados eram armazenados e, quando não ofereciam mais condições de consumo por oxidação e deterioração, eram destilados para que seu álcool fosse aproveitado e seu espírito capturado. Com base nesse conhecimento foram criados os inúmeros tipos de bebidas que conhecemos.

As bebidas assim produzidas foram nomeadas de bebidas espirituosas, pois possuem esse espírito volátil e em princípio desconhecido, o álcool, que altera a psique e o estado de consciência das pessoas após sua ingestão.

Os gregos atribuíam esse poder ao "espírito do vinho", originando, dessa forma, a denominação comum existente até hoje para diferenciar as bebidas destiladas das fermentadas. As destiladas são chamadas genericamente de bebidas espirituosas, também conhecidas pelo termo em inglês "*spirits*".

O UNIVERSO DOS DESTILADOS E SUA EVOLUÇÃO

Os destilados têm uma longa história, e sua origem remonta a centenas de anos. O naturalista Plínio, o **Velho**, que viveu entre os anos 23 e 79 d.C., descreveu como obter um líquido inflamável, que ele nomeou de "*aqua ardens*", a partir dos vapores da resina do cedro, apanhado em pedaços de lã.

Nomeado posteriormente de "*al-kuhül*" ("colírio de pó de antimônio"), o produto foi descrito em obras posteriores, como a de Jerônimo, *O livro da destilação*, que continha desenhos e ilustrações mostrando o processo criado pelos árabes.
No **século XVI** a substância acabou sendo batizada como **álcool** pelo alquimista **Paracelso**, que detalhou o processo de produção das aguardentes.

O PROCESSO DE DESTILAÇÃO

A **destilação** é um processo de **separação dos componentes de um líquido** por aquecimento de uma substância que passa por diferentes temperaturas. Cada um desses componentes evapora em determinada faixa de temperatura, e assim é possível separá-los, em função justamente dessa diferença de pontos de ebulição.

Os álcoois mais leves são mais voláteis e iniciam sua evaporação antes dos mais pesados – que precisam de temperaturas mais elevadas para entrar em ebulição e evaporar –, por isso são os primeiros a evaporar e se separar do líquido que os contém.

Assim, inicialmente evaporam os componentes mais voláteis, e seus vapores se condensam; depois, os vapores que surgem em temperaturas mais medianas; por fim, os vapores dos componentes mais pesados, que evaporam em temperaturas mais altas.

Os vapores gerados nessas diferentes fases de temperatura são conduzidos naturalmente para o capitel (cabeça do alambique), onde entram em um longo tubo. Esse tubo os leva para uma serpentina posicionada dentro de um tanque por onde circula água fria, de modo que os vapores se resfriem e condensem, e retornem à forma líquida em momentos distintos. Cada porção pode assim ser separada em diferentes tipos de álcool.

Essa técnica foi desenvolvida por alquimistas árabes por volta do **século VIII**. A partir de estudos gregos, eles desenvolveram um método e criaram um equipamento, o **alambique**, para retirar esse líquido inflamável e misterioso que era utilizado para fins medicinais e religiosos.

As **bebidas destiladas** estão presentes de diversificadas maneiras em grande parte das civilizações e culturas no planeta, com origens e histórias tão ricas quanto seus tipos e variedades.

O processo de destilação é fruto da mente e criatividade humanas, de experimentos em incontáveis pontos do planeta. Foi aprimorado tecnicamente, e ainda hoje surgem novos produtos destilados feitos a partir de alguma fruta ou cereal, ou mesmo réplicas de fórmulas conhecidas e retrabalhadas com o uso de insumos locais para gerar novas ou tradicionais bebidas, reinventadas com adição de especiarias e outros ingredientes, ganhando uma nova identidade e fisionomia.

Esses são os efeitos do conceito cada vez mais atual da valorização global dos produtos locais, em que a ecologia, a sustentabilidade e a governança acrescentam valor a esses produtos.

NO ORIENTE

A destilação de álcool também aconteceu no Oriente e particularmente na China, uma longa história que remonta a milhares de anos. Embora seja difícil estabelecer uma origem exata para isso, existem evidências de que a destilação de álcool foi praticada nessas regiões desde tempos antigos.

China

Na China, há registros de destilação de álcool que datam do século XII a.C. Bem antes de outras civilizações, a China já produzia bebidas de alta graduação alcoólica regularmente, desde o século II d.C., durante a dinastia Han (206 a.C.-220 d.C.), com a produção do vinho amarelo, um fermentado feito a partir do sorgo. Durante os duzentos primeiros anos de nossa era, a bebida de nome baijiu foi criada, com a destilação desse fermentado.

白酒 – báijiǔ ("aguardente branca") representa o destilado com o maior volume (um terço) de consumo mundial, apesar de pouco conhecido no Ocidente. Também é conhecido como 烧酒 – shāojiǔ ("aguardente queimada"), devido ao seu paladar exótico, e é difícil de ser encontrado fora das fronteiras chinesas.

Posteriormente, durante a dinastia Zhou, entre os séculos XI e III a.C., os chineses começaram a desenvolver técnicas de fermentação e destilação de bebidas alcoólicas mais sofisticadas.

Durante a dinastia Tang (618-907 d.C.), a destilação de álcool se tornou uma tarefa produtiva de grande volume. Os alambiques de cobre, trazidos de países árabes por mercadores e navegadores ocidentais, foram introduzidos ao processo, permitindo uma destilação mais eficiente. Nessa época, a produção de bebidas alcoólicas tornou-se uma indústria estabelecida, com muitas variedades de destilados de arroz, trigo e frutas.

A bebida alcóolica está ligada ao modo de vida da sociedade chinesa e é muito presente nas mesas de reunião de negócios, nas festas de família e onde quer que se possa celebrar. Símbolo de tradição e respeito, é a bebida oficial do governo chinês servida nas recepções de Estado.

Japão

No Japão, a destilação de álcool também tem uma longa história. Acredita-se que tenha sido introduzida por volta do século XVI d.C. por comerciantes portugueses, mas antes disso, por volta dos anos 1300 d.C., os japoneses já produziam seus destilados. Os destilados japoneses, entre eles o conhecido shochu, são provenientes dos fermentados de vários cereais. Entretanto, o awamori, que se acredita ser o antecessor do shochu, é feito exclusivamente de arroz, água e koji negro, e é produzido apenas na província de Okinawa, enquanto o shochu é produzido em quase todo o Oriente.

NO ORIENTE MÉDIO

No que diz respeito à destilação de álcool no Oriente Médio, a região desempenhou um papel fundamental na disseminação do conhecimento e das técnicas de destilação para outras partes do mundo. Durante a Idade Média, os árabes aprimoraram essas técnicas e desenvolveram alambiques mais avançados.

O consumo de álcool por parte da população árabe era comum. Antes dos destilados, o vinho e a cerveja eram amplamente consumidos, inclusive cantados em versos e poemas e presentes nos palácios da época.

O arak, como o conhecemos hoje, é uma bebida alcoólica anisada destilada que se originou na região do Levante, onde ficam hoje o Líbano, a Síria, a Jordânia e Israel. A destilação do arak, *al raga* em sua forma original, foi criada no Oriente Médio, Península Sul da Ásia, e teve sua forma moderna desenvolvida somente mais tarde, provavelmente na Idade Moderna, e não durante a Idade Média.

Vale a pena notar que a atitude em relação ao álcool no mundo islâmico mudou ao longo da história. O consumo de álcool é proibido no Islã, e as interpretações da proibição variam. Alguns governantes e regimes islâmicos historicamente impuseram restrições rigorosas ao consumo de álcool, enquanto outros foram mais tolerantes.

NA ERA MODERNA

Posteriormente, após a Idade Média, o conhecimento da destilação de álcool foi levado para a Europa pelos árabes, no sul dos países mediterrâneos, por meio de comércio marítimo bastante intenso. A partir daí, a destilação se espalhou por todo o continente e evoluiu para a produção das diversas bebidas destiladas que conhecemos na atualidade.

Durante muito tempo o álcool ficou restrito ao uso medicinal e terapêutico, para curar enfermidades por meio de infusões com diversos tipos de botânicos e como analgésico e desinfetante de ferimentos.

O **uso recreativo e social** dos destilados em bares e locais de consumo público e nas residências teve início somente no final da Idade Média, quando o processo de destilação passou a ser dominado. Nessa época, alguns destiladores já tinham seus desenhos modificados para permitir melhores resultados e maiores volumes, garantindo um uso mais amplo dos produtos alcoólicos ou que continham álcool, pois começaram a ser menos raros, embora ainda restritos devido à sua dificuldade de obtenção.

Cachaça
João Mendes
JM
PRATA
700 ml
CACHAÇA
AVIADOR
WEBER
HAUS
CACHAÇA
EXTRA
PREMIUM
RESERVA
ESPECIAL
6
ANOS
LOTE
48
AVIADOR
Cachaça Premium
Edição Especial
03 Faixas
Amburana
Carvalho
Ipê Amarelo
39% vol/500 mL
Viçosa do Ceará-CE
Cana
Brazil
CACHAÇA PREMIUM
Cana
Brazil
PREMIUM
EXPORT
BÁLSAMO
Armazenada em Tonéis
de Madeira de Bálsamo
40% Vol 740 mL
UMBURANA
cachaça
PRATINHA
Família Rigoni
1957
750 ml

O ÁLCOOL

O álcool, ainda sem ter esse nome, já era conhecido de **estudiosos gregos** e árabes através das bebidas fermentadas, que carregam o mesmo espírito. Aprisionado em pedaços de lã e algodão, colocado sobre esses líquidos fermentados e obtido, assim, por evaporação natural, tinha o uso muito limitado devido à sua raridade e principalmente ao seu baixo volume, sendo utilizado apenas como **produto medicinal e ritualístico**.

O desenho das moléculas de alguns álcoois pode ser observado abaixo.

Com base em estudos de escritos gregos e babilônicos, o alquimista árabe Jabir ibn Hayyan (Geber) criou um dispositivo para destilar e, em uma de suas obras, publicada no ano de 850 d.C. e traduzida para o latim como *Summa Perfectionis*, descreveu que faria a Europa recorrer ao pensamento e aos métodos da química. Geber é considerado por alguns autores como o inventor da destilação para a obtenção do álcool.

A imensa obra do filósofo e médico árabe Avicena (século X), verdadeira obra-prima dos conhecimentos da sua época, embora não mencione o álcool, descreve detalhadamente o alambique e suas aplicações, fazendo menção ao invento de Geber.

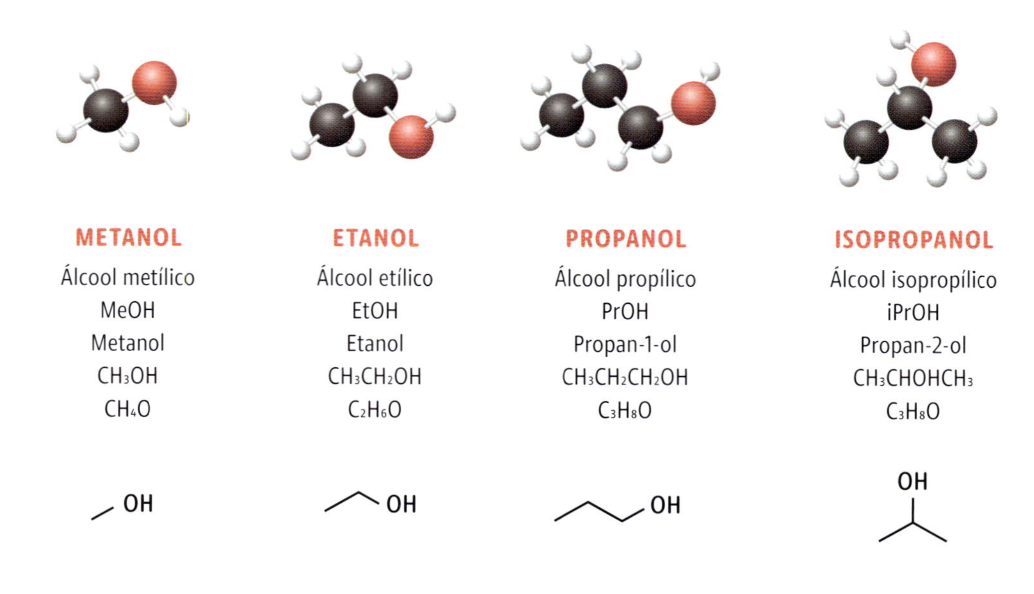

Molécula dos álcoois

Destilação em laboratório (gravura do século XVIII)

NA ATUALIDADE

Os destilados alcoólicos como conhecemos hoje têm uma história mais recente, de poucos séculos, e a **coquetelaria** é utilizada há ainda menos tempo. Apesar de alguns registros de misturas de bebidas com ervas e frutas, somente no século XX a coquetelaria tomou vulto e ganhou importância no desenvolvimento de hábitos e modos de consumo.

Foi durante a Idade Média, nos mosteiros europeus, que o conhecimento da destilação se espalhou e o álcool destilado começou a ser produzido para fins sociais e recreativos.

A **técnica de destilação** foi introduzida na Europa pelos árabes, como dissemos, principalmente durante os mais de 600 anos em que eles ocuparam parte do território da Península Ibérica. Os religiosos dos mosteiros replicaram esse processo e lentamente incorporaram essa maneira de obtenção do álcool ao uso medicinal, aos poucos ao uso recreativo e depois para curar as mazelas do corpo e da alma.

No século XIII, alquimistas europeus utilizaram essa destilação para produzir bebidas derivadas do vinho, para aproveitar o seu espírito (*spirit*).

Essa técnica foi aprimorada ao longo do tempo, e nos séculos seguintes, especialmente na França, essas bebidas – já chamadas de brandy – começaram a ser conhecidas pelo nome de suas regiões de origem, como o armagnac, o cognac e, mais ao norte, o marc, feitas a partir dos restos do mosto de produção dos champagnes, cada uma com suas particularidades e características próprias do seu processo produtivo.

Os **alambiques**, equipamentos raros e caros na época, não se encontravam nas propriedades rurais que produziam os fermentados; eles eram transportados em carroças e levados para lá para prestar o serviço de destilação. Essa prática permaneceu até a década de 1980, quando em algumas regiões, como a Galícia, foi definitivamente proibida por lei.

Dessa maneira, o destilado foi ganhando seu espaço comercial, primeiro como produto concorrente do vinho, por conta de sua potência alcoólica, depois por suas possibilidades sensoriais distintas, por meio de trato, estágio e armazenamento em barricas, bem como pelo uso de frutos, folhas, raízes e diversas especiarias para criar bebidas diferentes e com novas sensações.

Nada dessa história teria sido possível sem a **evolução no design dos alambiques**. Inicialmente, o alambique foi nomeado pelos árabes de "alquitara", palavra derivada do árabe "*al-cattara*" que pode ser traduzida como "conta-gotas", um destilador sem a serpentina que depois foi aperfeiçoado em seu desenho. Com o acréscimo da serpentina para resfriar melhor os vapores, houve aumento de sua eficiência e da velocidade de produção dos destilados.

As antigas alquitaras, ainda hoje utilizadas em algumas regiões da Galícia, passaram a se chamar Al-Ambic, ou alambique, "conta-gotas com bica". A palavra "alambique" é formada pela junção do termo grego "*ambix-ikos*" com o artigo árabe "*al*", derivando do sentido metafórico de algo que refina, que transmuta.

O FUNCIONAMENTO DOS ALAMBIQUES

O princípio de funcionamento dos alambiques é fazer a separação de diferentes líquidos de uma solução. Esses líquidos são fracionados e separados pelas diferenças de suas temperaturas de ebulição.

As partes líquidas das soluções que entram em ebulição em temperaturas mais baixas são evaporadas e condensadas em seu capitel antes daquelas que fervem em temperaturas superiores, e são recolhidas em forma líquida novamente ao passar pela serpentina, que as resfria e separa.

Assim, podemos separar os diferentes tipos de álcool contidos nos produtos fermentados através dos diferentes pontos de ebulição de cada um deles.

Os álcoois têm seus pontos de ebulição em diferentes faixas de temperatura, em função de seus pesos moleculares. Alguns deles são tóxicos e mais nocivos e prejudiciais à saúde, causando sérios problemas a quem os consome.

Apenas o álcool etílico é que deve ser aproveitado em um destilado de qualidade, por isso é muito importante comprar e consumir somente bebidas que tenham registro no Ministério da Agricultura, Pecuária e Abastecimento (Mapa), com um número de identificação no rótulo ou contrarrótulo.

Nas soluções azeotrópicas, não é possível fracionar os componentes por meio da destilação, visto que a temperatura de ebulição é comum a todos os elementos da mistura. O álcool etílico hidratado, por exemplo, é utilizado como combustível.

Algumas destilarias ainda se utilizam das alquitaras, destiladores de formato antigo, levadas pelos árabes ao continente europeu.

Com o intuito de aumentar a produtividade e o volume de álcool produzido, as alquitaras tiveram seu desenho aprimorado com a criação da serpentina, para condensar melhor e mais rapidamente os vapores durante a destilação. Desde então, várias outras modificações de desenho foram feitas nos alambiques, cada uma com a finalidade de melhorar a qualidade dos destilados e aumentar seu volume alcoólico.

Durante a primeira metade do século XIX, foram inventados os destiladores de coluna, também conhecidos como *patent still*, que fazem a destilação de modo contínuo. Os diferentes tipos de álcool são recolhidos em alturas diferentes dessa coluna, que pode atingir vários metros de altura, e são bastante utilizados para a produção de bebidas com maior volume alcoólico, como algumas marcas de cachaça, brandy e whisky, assim como para a produção do etanol combustível, usado em automóveis flex, ou bicombustível.

Algumas modificações e desenhos foram criados para acompanhar a condução dos vapores dentro dos alambiques, de modo a controlar o refluxo desses vapores, aprimorar a qualidade do álcool e produzir, assim, destilados com diferentes características sensoriais.

OS TIPOS DE ALAMBIQUES

O formato dos alambiques passou por inúmeras mudanças em sua parte superior, o capitel, onde os vapores são captados, que se prolonga por um tubo chamado pescoço de ganso (*swan neck*). Nesse tubo, os vapores começam a sua condensação para que, durante a destilação, tenham maior ou menor contato com as paredes do destilador em cobre, o que altera as características sensoriais das bebidas e sua potência alcoólica.

Três tipos de alambiques

Esse refluxo pode ser controlado por pratos ou bandejas perfuradas, também chamadas de deflagmadores, para que o processo seja mais rápido ou mais lento, alterando não só a velocidade do processo de destilação, mas principalmente o seu resultado. Dessa maneira, são obtidas bebidas mais intensas e pesadas, ou mais leves e aromáticas.

Para cada tipo de destilado, portanto, é recomendado o uso de determinado tipo de alambique, assim as bebidas têm suas principais características preservadas.

Vejamos quais são os **diferentes tipos de alambiques** e como é feita a destilação em cada um.

Alquitara

Alambique **vertical de corpo único** com uma espécie de chapéu. É despejada água fria em sua copa ou coroa (como pode ser chamado o "chapéu"), pela qual os vapores circulam internamente e, depois de condensados, pingam pelo bocal lateral, uma bica, de onde o destilado é recolhido.

O processo é lento e com baixo rendimento devido à perda de eficiência na condensação dos vapores. É um tipo de alambique ainda hoje utilizado na produção de algumas bebidas, como o Mezcal e o Oruro.

Alquitara

Pot still

É o tipo de alambique **mais conhecido** e utilizado para muitos tipos de bebidas. Foi desenvolvido como uma melhoria adicionada às alquitaras, com o prolongamento do capitel, dessa vez num formato semelhante a um pescoço de ganso, tanto que é conhecido por esse nome.

O tubo (pescoço de ganso) se prolonga e se transforma em uma serpentina, posicionada dentro de um tanque por onde circula água fria, acelerando o processo de resfriamento e condensação dos vapores.

Essa serpentina termina em uma bica que tem uma parte móvel, de maneira a permitir que o líquido seja direcionado a um recipiente de descarte das partes iniciais (cabeça) e finais (cauda) da destilação, e que sua parte útil (coração) seja recolhida em uma barrica ou vasilhame para ser aproveitada.

Os alambiques do tipo *pot still* foram sofrendo modificações no desenho do capitel para que o refluxo dos vapores ficasse ligeiramente diferente em função do formato e ângulo dessa peça. Na foto da página seguinte, podemos ver um exemplo dos três mais utilizados.

Alambique da cachaça Porto Brasil

Alambiques *pot still* com o capitel em formatos diversos

Charentais

É o mesmo alambique *pot still*, com a diferença de que o pescoço de ganso passa por dentro de um tanque antes de chegar à serpentina, fazendo um preaquecimento do próximo lote a ser destilado. Ganha-se, assim, energia, eficiência e velocidade na produção.

Como os cognacs são bidestilados, isso permite o preaquecimento do *broulli*, o destilado intermediário extraído na primeira alambicada, com teores de álcool mais baixos, que será redestilado para atingir o teor alcoólico mais alto.

Essa dupla destilação permite a obtenção de um álcool mais puro, fino e limpo.

Alambique charentais

Alambique *patent still*

Patent still

O *patent still* (ou destilador de coluna) é o destilador em **formato de coluna**. Os vapores do líquido a ser destilado sobem e passam por bandejas perfuradas, que vão interrompendo o fluxo de vapor e condensando-o novamente. Esses vapores são então reaquecidos e continuam subindo até o topo da coluna.

Nesse trajeto, os vapores se condensam em alturas diferentes devido às temperaturas distintas, e dessa forma os álcoois são separados, cada tipo em determinada posição e altura, de maneira contínua.

O alambique é alimentado de mosto fermentado continuamente, e os álcoois são destilados nas suas principais porções de metanol, etanol, propanol e isopropanol, entre outros sem paradas para sua separação. Foi desenvolvido para melhorar a destilação das bebidas e para uso na indústria petroquímica, para separar os diversos produtos petrolíferos, tais como gasolina, diesel e querosene.

O *patent still* é composto por duas ou mais colunas, e os vapores são transferidos de uma para outra, retificando os produtos que delas saem. A primeira parte, onde o líquido é colocado para aquecer, é o evaporador, e as demais são as colunas retificadoras, que separam as frações destiladas.

OS DESTILADOS

Nesta obra não será possível abordar todos os destilados do mundo, visto que a lista é grande. Por isso, os destilados contemplados aqui são aqueles que estão mais presentes na coquetelaria ou que acabaram ficando mais conhecidos – não apenas por sua qualidade e características, mas por estabelecerem, de certa maneira, novos hábitos de consumo, estilos em seus locais de consumo, e também pelo desenvolvimento de utensílios, influenciando gerações de novos e velhos consumidores que buscam, por meio dessas bebidas, fazer parte de um pedaço importante da história da civilização humana.

Entre os destilados, destacamos cinco que são mundialmente conhecidos: a **cachaça**, o **gin**, o **rum**, a **vodka** e o **whisky**. Além desses, falaremos também neste livro do **cognac (conhaque)**, do **absinto** e da **tequila**.

Garrafas em bar

A CACHAÇA

O destilado produzido a partir da **cana-de-açúcar** é a bebida do Brasil. Ele acompanha a história do país desde o seu descobrimento e passou por muitas fases, sendo reconhecido como uma bebida de alta qualidade apenas mais recentemente, em especial a partir da Semana de Arte Moderna de 1922.

Atualmente a cachaça é uma bebida que faz parte da nossa balança comercial de bebidas, muito utilizada no preparo dos mais diversos tipos de coquetéis no mundo pelas mãos dos mixologistas.

O mais icônico coquetel brasileiro, nossa famosa Caipirinha, é o primeiro do Brasil a ser listado na International Bartenders Association (IBA).

A cachaça é o primeiro destilado das **Américas**. Foi produzida intencionalmente entre os anos de 1516 e 1532 no Brasil colonial.

Em 1516, o português Fernando de Noronha recebeu autorização para explorar o pau-brasil no continente recém-descoberto e teria instalado o primeiro engenho de cana-de-açúcar no arquipélago que leva seu nome, onde podem ter surgido as primeiras bebidas que se tornariam as futuras cachaças, embora não haja evidências históricas desse fato.

Em 1520, em Porto Seguro, na Bahia, também foi instalado um engenho de cana-de-açúcar que pode ter dado início à produção da bebida.

Em 1532, desembarcou a primeira expedição oficial portuguesa no litoral de São Paulo, onde foi fundada a Capitania de São Vicente e, além da produção de açúcar, teve início a viticultura brasileira com as primeiras mudas de uvas trazidas para as Américas. Essa expedição também trouxe alambiques visando à produção de bagaceiras com as cascas das uvas.

Em alguma dessas localidades e engenhos, portanto, surgiu a cachaça, por meio da destilação dos resíduos da produção do açúcar fermentado. Esse processo já era bastante conhecido dos portugueses, que produziam as suas bagaceiras a partir das cascas das uvas fermentadas.

Existem inúmeras lendas sobre a origem da cachaça, mas as mais conhecidas são aquelas que dizem ter sido a cachaça descoberta acidentalmente pelas pessoas escravizadas nas senzalas das casas de fazenda onde se fabricava o açúcar. Durante a sua fervura, o vapor subia até o teto, se condensava e, na forma de cachaça, pingava sobre as costas delas, que, machucadas por chibatadas, ardiam, por isso o nome de aguardente, ou pinga, porque pingava. São histórias que carregam certo romantismo, mas sem fundamento que as comprove.

O **primeiro alambique** que aportou no país foi trazido do reino de Portugal ao Brasil Colônia por Martim Afonso de Sousa, que já conhecia o processo de destilação dos bagaços das uvas (Silva, 2018).

A palavra "cachaça" parece ter origem no termo "cachaza" do espanhol arcaico, que significava "aguardente de baixa qualidade", e que em português tomou a grafia atual. É a tese mais confiável e segura para a origem do termo.

O dia 13 de setembro foi instituído como o **Dia da Cachaça** em 2009 e oficializado em 2011. Foi nessa data, em 1661, que o governo português devolveu aos brasileiros o direito de produzir e comercializar a cachaça, suprimido anos antes para que as bagaceiras portuguesas pudessem ser comercializadas, ocasionando uma revolta que ficou conhecida como Revolta da Cachaça.

A bebida era muito valorizada no período colonial por ser utilizada como moeda de troca para os escambos e pagamentos na compra da mão de

1456

IDADE MÉDIA	IDADE MODERNA	IDADE CONTEMPORÂNEA
1313 • Shochu — Japão	1550 • Gin — Países Baixos	
1388 • Vodka — Rússia	1595 • Tequila — México	
1451 • Grappa — Itália	1650 • Conhaque — França	
	1494 • Whisky — Escócia	
	1655 • Rum — República Dominicana	
	1515 • Cachaça — Brasil	
	1763 • Absinto — França	

Linha do tempo dos principais destilados

obra escrava, e também para ser oferecida às pessoas escravizadas durante as viagens nos navios negreiros, para que suportassem a dura travessia do Atlântico nos porões.

Após a abolição da escravatura, as pessoas libertas não tinham mais sua moradia e alimentação na casa dos senhores. Além das festividades pela libertação, comemorada por mais de uma semana com consumo elevado de cachaça, a bebida também foi utilizada como válvula de escape por essa população, que de um dia para o outro teve sua vida totalmente desestruturada.

Esse fato resultou na má fama e depreciação da bebida por parte da sociedade, pois as pessoas afogavam suas tristezas e mazelas bebendo cachaça barata, embebedando-se, levando para a bebida um significado ruim que perdurou por muito tempo. Chamar alguém de "pinguço" ou "cachaceiro" se transformou em insulto.

Esse estigma só começou a ser removido há pouco tempo na história. Durante as comemorações dos 500 anos de descobrimento do Brasil, o então presidente Fernando Henrique Cardoso encerrou seu discurso fazendo um brinde, em 22 de abril de 2000: "E o brinde será com a mais autêntica bebida brasileira, a nossa cana, a cachaça".

Em 2011, em visita ao então presidente dos Estados Unidos Barack Obama, a presidente do Brasil, na época Dilma Rousseff, brindou com cachaça o acordo com o governo norte-americano, que permitiu à Organização Mundial do Comércio (OMC) reconhecer a bebida como produto exclusiva e genuinamente brasileiro, protegido por lei e reconhecido internacionalmente.

PRODUÇÃO

A cachaça é produzida a partir do caldo de cana-de-açúcar (*Saccharum officinarum*). A cana-de-açúcar é uma planta da família das Poaceae, do gênero Saccharum, que encontra nos **climas tropicais** seus locais de produção mais adequados.

A cana, depois de plantada, é colhida cerca de oito meses depois, preferencialmente sem o uso da queima da palha (o que era comum antigamente e trazia aromas e sabores ruins à bebida). No prazo máximo de 36 horas, ela deve ser moída ou espremida para a retirada de seu suco, antes que este comece a fermentar naturalmente. O seu caldo então é colocado para decantar, para a remoção de impurezas, e é diluído com água pura, corrigido para 15° Brix, para poder ser fermentado.

FERMENTAÇÃO

O **fermento**, ou a **cultura de leveduras**, normalmente é desenvolvido na propriedade ou no sítio com o uso de **farinha de milho, ou fubá e açúcar**.

Esse mosto é colocado para fermentar, etapa em que as leveduras transformam os açúcares em álcool, que depois será destilado em alambiques de cobre para a obtenção da cachaça.

DESTILAÇÃO

A etapa de destilação é a que confere às cachaças grande parte de suas características, em função dos alambiques e das técnicas utilizadas nesse processo.

Algumas cachaças são produzidas em alambiques de coluna, e outras passam até por destilações duplas e triplas, no intuito de melhorar suas características sensoriais.

Durante o processo de destilação, é muito importante que as frações iniciais dos álcoois mais leves (metanol) e as finais (propanol) sejam eliminadas, para que apenas o etanol, parte conhecida como "coração", seja utilizado como cachaça. Esse não seria um problema para os destiladores de coluna, que fracionam exatamente o etanol de maneira contínua.

ANTES DE ENGARRAFAR

Antes de ser engarrafada e colocada à venda, dependendo do estilo ou da proposta do produtor para aquele produto, a cachaça passa por alguns processos.

Ela pode ser descansada em dornas ou tanques de aço inox, pode ser armazenada em tonéis de diversas madeiras e de variadas capacidades volumétricas, durante períodos que vão de alguns meses a anos.

Para que a cachaça possa receber o título de envelhecida, é necessário que tenha pelo menos 50% de seu volume envelhecido em barricas de no máximo 700 litros e por ao menos um ano.

As cachaças normalmente têm um teor de açúcar de até 6 g/L, decorrente do processo de produção, mas podem receber açúcar em quantidades que variam de 6 g/L a 30 g/L e, dessa maneira, são identificadas como adoçadas. Cachaças com teor de açúcar além desse limite não podem ser identificadas com o nome de cachaça.

Toda cachaça deve ter sua identificação e registro no Mapa, para que possa ser comercializada legalmente – é uma segurança para quem consome e comercializa, pois há todo um processo de certificação que garante a qualidade do produto.

OS TIPOS DE CACHAÇAS

Existe mais de uma dezena de tipos de madeiras das quais são feitos os **tonéis, barricas e tanques de armazenamento das cachaças**, e esse é um dos maiores diferenciais da cachaça em relação a outros destilados.

As madeiras mais comuns são bálsamo, carvalho (tanto europeu como americano), umburana, ipê, jacarandá, jequitibá, peroba, canela sassafrás, entre outras, cada uma aportando características sensoriais muito distintas.

O uso de diferentes tipos de madeira no envelhecimento da cachaça faz dela a única bebida destilada multissensorial. É, portanto, uma bebida que deve ser ainda muito estudada e valorizada.

A cachaça como produto agropecuário é produzida e comercializada conforme a legislação pertinente, o Decreto nº 6.871 (Brasil, 2009), que define os tipos de cachaça de acordo com a adição de açúcar e o envelhecimento em madeira. As cachaças envelhecidas podem ser divididas nas categorias prata, armazenada, envelhecida, premium, extra-premium e reserva especial.

Prata: descansada ou envelhecida em madeira neutra ou inox. Pode ser classificada como **branca**.

Armazenada: armazenada em inox ou tonéis de madeira e correção de cor por caramelo. É conhecida como **ouro** quando adquire a cor dourada pelo armazenamento em madeira.

Envelhecida: 50% envelhecida por no mínimo 1 ano em barricas de 700 litros.

Premium: 100% envelhecida por no mínimo 1 ano em barricas de 700 litros.

Extra-premium: 100% envelhecida por no mínimo 3 anos em barricas de 700 litros.

Reserva especial: 100% envelhecida por no mínimo 5 anos em barricas de 700 litros.

Barricas para envelhecimento de destilados (cachaça Porto Brasil)

os coquetéis
COM CACHAÇA

CAIPIRINHA

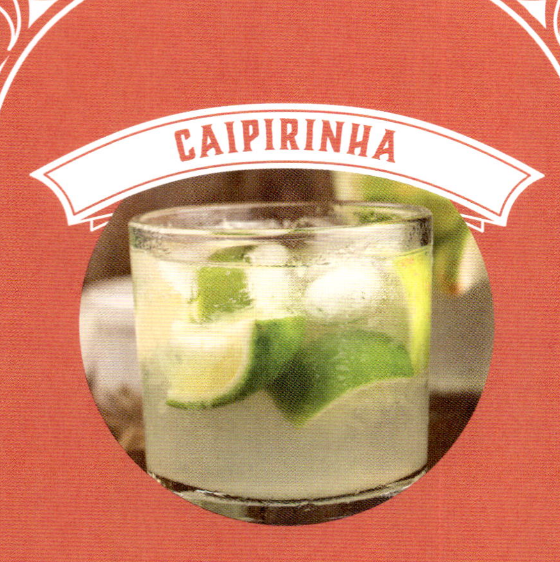

Ingredientes

» 50 ml de cachaça branca

» 1 limão-taiti sem a parte branca e cortado em pedaços

» 1 colher de sopa de açúcar

» Gelo

Modo de preparo

1. Em um copo Old Fashion, macere o limão cortado com o açúcar.
2. Adicione bastante gelo.
3. Complete com a cachaça.

RABO DE GALO

O Rabo de Galo é um coquetel criado em **São Paulo** por uma empresa italiana que, para contornar o baixo consumo de seu vermute nos anos 1950, seguindo a tendência internacional dos coquetéis na época, resolveu criar o seu próprio coquetel, misturando a bebida mais consumida na época, a cachaça, com o seu vermute e um bitter.

Esse coquetel caiu no gosto do brasileiro, que divertidamente o traduziu ao pé da letra para Rabo de Galo (*cock* = "galo", *tail* = "rabo"). Hoje é o coquetel da moda entre todos os bartenders brasileiros, e há até um concurso anual para eleger o melhor Rabo de Galo do Brasil.

Atualmente é o segundo coquetel brasileiro a fazer parte dos clássicos da IBA, depois de longa e intensa campanha levantada pelo bartender brasileiro Mestre Derivan, falecido em 2023.

Ingredientes

» 50 ml de cachaça

» 20 ml de vermute tinto doce

» 15 ml de Cynar

Modo de preparo

1. Em um copo de cachaça, coloque a cachaça.
2. Adicione o vermute e o bitter (Cynar).
3. Mexa ligeiramente e logo estará pronto.
4. Se quiser, coloque gelo (o Rabo de Galo original não leva gelo).

Servido em copo tipo americano Brasil afora, esse coquetel apresenta inúmeras versões com limão e laranja, preparadas de diversas maneiras.

NA GASTRONOMIA

A cachaça é bastante utilizada como ingrediente no preparo de muitos **pratos icônicos brasileiros**, como a feijoada, além de entrar em diversos preparos doces. Na feijoada, é colocada para dar mais sabor ao preparo.

Harmonizações

- As **cachaças brancas** sem passagem por madeira podem acompanhar desde torresmos fritos, como os diversos tipos de bolinhos, até frituras (pastéis) e peixes pequenos (manjubas, lambaris). Consideradas coringas, são as mais indicadas como bebida de fundo na coquetelaria, pois se adaptam às mais variadas frutas, temperos e associações.
- As **cachaças envelhecidas** em carvalho e bálsamo fazem par perfeito com charutos. Em situações que os cognacs e whiskies são utilizados, podem substituí-los e até superá-los devido à maior complexidade aromática e gustativa proporcionada pelos diferentes tipos de madeira em seu envelhecimento. Companhias certeiras para inúmeros preparos à base de carne, são também usadas para amaciar carnes de caça e outras mais duras. Cabrito ou bode são marinados em cachaça. As costelinhas de porco, de cordeiro, leitão à pururuca, ou seja, pratos untuosos e intensos, ficam excelentes na companhia de uma dose de cachaça. Torresmo com cachaça, por exemplo, é um clássico.
- As **cachaças envelhecidas ou armazenadas em tonéis de umburana (amburana) ou canela sassafrás** são ótimas companhias para sobremesas ricas em dulçor, com forte presença de açúcar, e também para sobremesas de perfil mais intenso, como os chocolates – amargos ou ao leite.

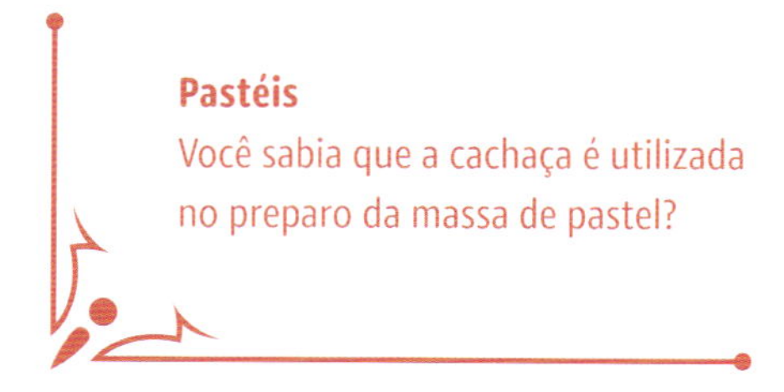

Pastéis
Você sabia que a cachaça é utilizada no preparo da massa de pastel?

Veja a seguir uma receita para preparar em casa, rechear a seu gosto e harmonizar com uma boa cachaça.

PASTEL

(Restaurante Tordesilhas)

Ingredientes

- 3 xícaras de farinha de trigo (separar pelo menos 1 xícara a mais para trabalhar a massa e dar o ponto)
- 1 copo e meio de água (400 ml)
- 2 colheres (de sopa) de óleo
- 1 colher (de sopa) de sal
- 1 dose de cachaça (50 ml)

Modo de preparo

1. Misture bem a farinha com o sal.
2. Abra um buraco no meio da farinha e jogue a água aos poucos, incorporando-a à farinha com as mãos numa tigela funda ou numa mesa lisa.
3. Adicione as colheres de óleo.
4. Acrescente a cachaça e continue misturando bem a massa.
5. Sove a massa em uma superfície lisa, polvilhada de farinha, até que fique homogênea e pare de grudar nas mãos.
6. Deixe a massa descansar por 15 minutos coberta com pano úmido ou filme plástico.
7. Abra a massa com a ajuda de cilindros – é mais fácil – até a espessura mais fina que conseguir, sem que ela quebre; se não tiver a máquina, um rolo também faz a função.
8. Corte a massa já aberta com uma faca, deixando-a com até 30 cm de altura e 10 cm de largura, para ficar do tamanho de um pastel de feira.
9. Recheie a massa ocupando no máximo metade do espaço, dobre-a e feche as bordas com um garfo.
10. Depois de montar os pastéis, leve o quanto antes ao óleo quente para fritar.

Bom apetite!

O GIN

Acredita-se que os holandeses foram os primeiros a produzir um destilado à base de zimbro, que é o principal ingrediente do gin.

Foi no **século XVII** que o Dr. Franciscus de le Boë, químico alemão que passou grande parte de sua vida em Leiden, na Holanda, começou a preparar uma mistura adicionando ingredientes para servir como diurético e também tratar problemas estomacais em seus pacientes.

Na Holanda, esse destilado era conhecido como "*jenever*", ou "*genever*", termo derivado de "*juniperus*", que significa "zimbro" em latim. Com o tempo, foi se popularizando como uma bebida alcoólica devido ao seu sabor forte e marcante, além do baixo custo.

A palavra "gin" vem do termo em italiano "*ginepro*", que também significa "zimbro", e acabou ficando conhecida por esse nome.

O Frenesi do Gin

No século XVII, a Inglaterra em guerra com a Holanda teve seu primeiro contato com a bebida, que, consumida por seus soldados, começou a ser produzida no Reino Unido, onde foi muito bem aceita e ganhou popularidade entre a classe trabalhadora pela facilidade de obtenção e baixo custo. O consumo elevado de gin ocasionou um grande problema social, episódio que ficou conhecido como Gin Craze, ou, em tradução livre, o Frenesi do Gin.

Há uma história que diz que os soldados holandeses eram mais valentes e lutadores do que os ingleses devido ao consumo do gin, que aumentava sua coragem, o que levou os soldados ingleses a solicitar essas bebidas aos seus superiores. Não sabemos se a história é verdadeira, mas a bebida foi bastante aceita pelos ingleses.

O gin era barato e extremamente forte e, para muitas pessoas, oferecia uma libertação rápida da miséria da vida cotidiana. Na década de 1730, mais de 6 mil casas em Londres vendiam abertamente gin ao público em geral. A bebida estava disponível em feiras livres, mercearias, vendedores, barbeiros e bordéis. Na década de 1740, o consumo de gin na Grã-Bretanha atingiu uma média de mais de seis galões por pessoa/ano.

A crise exigiu uma atenção política forte e decisiva. Nas décadas de 1740 e 1750, o Parlamento foi forçado a aprovar uma série de leis que restringiam tanto a venda de bebidas espirituosas como a sua fabricação, a fim de controlar a situação e fazer com que tudo voltasse ao normal.

No entanto, ao longo do tempo, o gin passou por um processo de reabilitação e se tornou uma bebida mais sofisticada. Durante o século XIX, a qualidade do gin melhorou e surgiram marcas famosas, como a Tanqueray e a Gordon's, que ainda existem e são conhecidas. O estilo do London Dry Gin surgiu nessa época.

Atualmente, o gin é apreciado em todo o mundo e possui inúmeras variações e estilos. Além do zimbro, outros ingredientes botânicos, como ervas, especiarias, frutas e flores, são utilizados para dar sabor ao gin, resultando em uma ampla gama de perfis aromáticos e de sabores. A popularidade do gin cresceu significativamente nos últimos anos, com o surgimento de bares especializados e uma explosão de coquetéis à base de gin.

PRODUÇÃO

A produção do gin pode ser feita de algumas maneiras, variando de forma muito evidente a sua qualidade gustativa e aromática.

Os gins são infusões com o uso da semente dos *Juniperus communis* (zimbro) e outros botânicos que lhes conferem aromas e sabores distintos. Podem passar por destilação simples ou dupla e tripla, e assim ser produzidos por meios distintos, o que dá à bebida seu caráter e suas diferenças sensoriais.

A seguir, conheça os **principais métodos de produção do gin**:

» Nos alambiques conhecidos como *carterhead*, a destilação ocorre por meio de uma criva, uma espécie de cesto perfurado onde são colocados os botânicos utilizados e as sementes de zimbro, para que durante o processo os vapores passem através

Botânicos na produção do gin

deles e levem os aromas e óleos essenciais para a bebida. Os botânicos não entram em contato com o álcool, apenas com os vapores durante a destilação. É como os gins do tipo London Dry são produzidos. São mais elegantes, sutis e delicados, e com aromas e sabores mais complexos.

» Outra maneira de produzir é destilar o álcool a partir de cereais fermentados e deixar os botânicos em infusão por cerca de 48 horas para depois redestilar esse álcool, agora contendo os aromas e sabores desses botânicos. São mais intensos de aroma e sabor.

» Um processo rápido de produção é misturar a bebida destilada com os botânicos, filtrar e depois ainda acrescentar óleos essenciais ao produto. Seus aromas e sabores ficam bastante fugazes, e não apresentam tanta complexidade e persistência gustativa. São mais simples e baratos.

Diversos são os botânicos utilizados na produção do gin, desde flores, folhas, cascas, madeiras e raízes, em proporções que são mantidas em segredo, pois elas é que definem os sabores dos gins produzidos por cada um dos fabricantes.

DRY MARTINI

O gin é uma bebida que está presente em alguns dos mais renomados e conhecidos coquetéis, dos clássicos aos contemporâneos, sendo atualmente um dos destilados mais frequentes nos preparos dos mixologistas.

Um dos coquetéis famosos listados na IBA que levam o gin em sua preparação é o Dry Martini, imortalizado nos filmes de James Bond por ser o seu coquetel preferido.

Criado nos anos 1920 em **Nova York**, é uma mistura bastante simples e ao mesmo tempo aromática e sofisticada.

Ingredientes

- 60 ml de gin
- 10 ml de vermute seco
- Gelo

Modo de preparo

1. Em um copo misturador, adicione todos os ingredientes.
2. Mexa bem.
3. Coe sobre uma taça Martini resfriada.

Acrescente um zest (filete da casca) de limão sobre a bebida para dar um toque cítrico ou decore com azeitonas verdes se desejar.

Ingredientes

- » 30 ml de gin
- » 30 ml de campari amargo
- » 30 ml de vermute tinto doce
- » Gelo
- » Rodela de laranja para decorar

Modo de preparo

1. Adicione e misture todos os ingredientes em um copo Short Drink resfriado.
2. Descarte o gelo, misture os ingredientes e acrescente um novo gelo grande.
3. Decore com uma rodela de laranja.

Há uma variante desse coquetel criada nos anos 1960, o Negroni Sbagliato, cuja história será contada mais adiante.

Ingredientes

- » ⅓ de vermute tinto doce
- » ⅓ de campari
- » ⅓ de prosecco ou espumante brut
- » Gelo
- » Rodela de laranja para decorar

Modo de preparo

1. Em um copo Highball ou Collins com gelo, adicione os ingredientes, deixando o espumante por último.
2. Misture delicadamente com uma colher bailarina.
3. Decore com uma rodela de laranja.

GIN TÔNICA

Outro coquetel bastante famoso e criado pelos ingleses é o gin tônica.

Durante a ocupação das colônias na **África** e na **Índia**, os soldados ingleses consumiam o gin, que era uma das bebidas que faziam parte de seu cotidiano. Para se precaverem da malária, consumiam produtos à base de quinino, como a água tônica. Misturando as duas bebidas, criaram esse coquetel eclético, refrescante, que pode receber diversos insumos e frutas e ser bastante versátil.

Veja a seguir uma das versões dessa refrescante receita.

Ingredientes

- » 50 ml de gin
- » 15 ml de suco de limão
- » Água tônica
- » Gelo
- » Rodela de limão e ramo de alecrim para decorar

Modo de preparo

1. Coloque 50 ml de gin em uma taça com gelo.
2. Adicione o suco de limão.
3. Complete com água tônica.
4. Misture delicadamente.
5. Decore com uma rodela de limão e um ramo de alecrim.

NA GASTRONOMIA

Harmonizações

O gin puro é pouco utilizado nas harmonizações gastronômicas, mas os coquetéis preparados com ele são bem versáteis devido ao seu perfil aromático.

Coquetéis refrescantes e cítricos com o uso de limão, laranjas e limas harmonizam-se muito bem com ostras e frutos do mar.

Coquetéis mais intensos de sabor podem ser companhia para carnes assadas na brasa, como o churrasco.

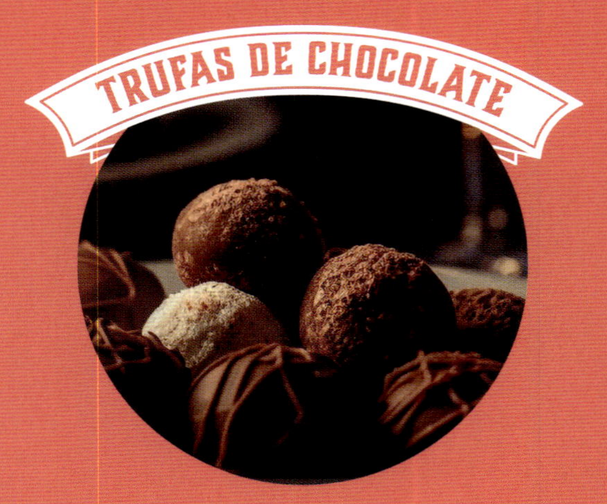

O gin pode fazer parte de receitas ou preparos como trufas de chocolate.

Ingredientes

- 300 g de chocolate meio amargo
- 50 g de creme de leite UHT (17% a 20% de gordura)
- 50 ml de gin
- Chocolate em pó (50% cacau) para decorar

Modo de preparo

1. Em banho-maria, derreta o chocolate meio amargo.
2. Adicione o creme de leite e o gin.
3. Misture bem até incorporar todos os ingredientes e criar uma textura homogênea de ganache.
4. Em um recipiente preferencialmente de vidro, coloque o chocolate e deixe-o na geladeira por 15 a 20 minutos.
5. Depois de tirar a ganache da geladeira, faça bolinhas imediatamente para que o calor não seja perdido (use uma colher de sobremesa como referência de tamanho).
6. Se o ambiente ou suas mãos estiverem muito quentes, leve as bolinhas de volta à geladeira por 5 a 7 minutos. Não deixe o chocolate derreter.
7. Passe cada trufa pelo chocolate em pó, sempre retirando o excesso para que o sabor não fique muito amargo.
8. Sirva logo em seguida ou conserve as trufas na geladeira por até 5 dias.

O RUM

O rum é uma bebida que também foi criada a partir da cultura da **cana-de-açúcar**, prática iniciada na América pelos portugueses, mas, diferentemente da cachaça, ele tem outro método de produção.

> *É no século XVI que aparece o álcool produzido pela destilação do vinho, mas que também se pode tirar de outras matérias orgânicas: o álcool não tarda a ser importado das colônias da América, sob a forma de rum. É dele que os marinheiros holandeses, que se tornaram os fretadores do mar, carregam os navios para as necessidades da tripulação; que aos poucos começa a ser produzido em muitos países caribenhos. E a aguardente, tônico mais forte sob menor volume, constitui o primeiro concorrente do vinho; vêm, depois, o café, o chá, os aperitivos, até que se chegue* à Coca-Cola (Renouard, 1953, p. 314).

A cana-de-açúcar foi trazida da Sicília pelos portugueses, por ordem de D. Henrique, e levada para a Ilha da Madeira; de lá, foi transportada para o Novo Mundo, devido ao grande e lucrativo mercado de açúcar na Europa.

Da principal colônia portuguesa, o Brasil, a cana foi levada para o Caribe, inicialmente pelos franceses, expulsos depois de fracassadas tentativas de colonização de parte do território brasileiro, e depois também pelos holandeses, expulsos do nordeste brasileiro. No Caribe deram início à produção de açúcar, pelo seu alto valor de mercado.

PRODUÇÃO

Na fase de produção do açúcar, são gerados vários resíduos durante a fervura do caldo de cana para que finalmente seja cristalizado em açúcar. A espuma e o melaço, por exemplo, que não se cristalizam, são desprezados.

No princípio do século XVII, perceberam que esses subprodutos misturados à água fermentavam naturalmente. A exemplo do que já se fazia no Brasil, com a produção da cachaça, e em colônias francesas, onde se produzia a tafia, outro destilado a partir da cana, os ingleses e holandeses começaram a produzir esse destilado, que foi nomeado de rum.

No final do século XVII, o rum já era bastante conhecido devido à importância do comércio marítimo praticado pelos ingleses e holandeses. Era considerado uma bebida medicinal, pois "curava todos os males" e "expulsava os demônios do corpo".

O rum teve papel relevante no suprimento de bebida para o mercado europeu, quando esses mercadores traziam para as colônias vinhos e jerez nas barricas, e essas retornavam com rum para a Europa.

Os colonizadores europeus levaram a técnica de produção de rum para outras partes do mundo, e hoje em dia temos diversas bebidas, produzidas em diferentes países, feitas a partir do fermentado de cana-de-açúcar, como a cana da Colômbia, a charanda, o habanero, as aguardentes, o guaro e a punta.

O rum também desempenhou um papel importante na economia do comércio triangular entre a Europa, a África e as colônias do Caribe, já que era uma mercadoria que poderia ser utilizada como moeda de troca e negociada por africanos escravizados.

Devido ao comércio do rum com os ingleses, as barricas destinadas à sua guarda e movimentação também foram utilizadas para armazenar e envelhecer os whiskies, tanto que alguns produtores ingleses investiram em vinícolas na região do Jerez, na Espanha, para fazer uso dessas barricas em suas fábricas no Reino Unido. A Dalmore, por exemplo, mantém parceria há mais de 100 anos com o produtor de vinhos de Jerez, González Byass.

Hoje o rum é produzido principalmente nas ilhas do **Caribe**.

MAI TAI

Um coquetel criado com o uso de rum que ficou muito famoso é o **Mai Tai**. Outras receitas importantes levam o rum como principal ingrediente, como a **Piña Colada**, o **Daiquiri**, o refrescante **Mojito** e a emblemática **Cuba Libre**, criada nos anos 1950 para dar um gosto americanizado à mais tradicional bebida cubana, o rum, com a mistura deste à Coca-Cola.

Ingredientes

- 30 ml de rum jamaicano Âmbar
- 30 ml de rum de melaço da Martinica (rum negro)
- 15 ml de curaçao laranja
- 15 ml de xarope de amêndoa
- 15 ml de suco de limão
- 7,5 ml de xarope simples

Modo de preparo

1. Coloque todos os ingredientes em uma coqueteleira com gelo.
2. Agite bastante e depois coe num copo longo ou próprio para coquetel Tiki, ou ainda em meia casca de abacaxi, sem o miolo.
3. Decore com fatia de abacaxi, casca de laranja, frutas coloridas e todo tipo de adereço colorido e festivo.

Inspirado na cultura das ilhas tropicais da **Polinésia**, o Mai Tai deu origem a um tipo específico de coquetel, bastante decorado com frutas tropicais, flores e muita cor, conhecido como **Tiki**.

Os coquetéis Tiki remetem à cultura da Polinésia, com apresentação em canecas e copos decorados com faces e rostos de divindades, reproduções de esculturas que lá são chamadas de Tiki, daí o seu nome. Você verá mais informações sobre o mundo Tiki na segunda parte deste livro.

Tikis

MOJITO

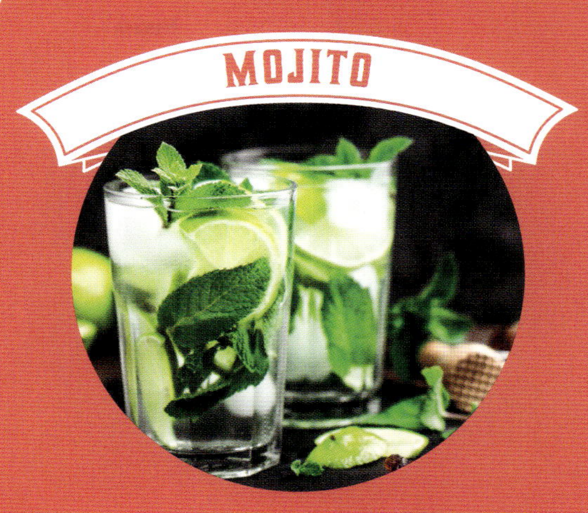

Ingredientes

» 50 ml de rum prata
» 1 colher de bar de açúcar
» 10 folhas de hortelã
» 15 ml de suco de limão
» Água com gás
» Gelo
» Ramo de hortelã para decorar

Modo de preparo

1. Em um copo Long Drink, adicione o açúcar, as folhas de hortelã e o suco de limão e macere suavemente.
2. Adicione o gelo, o rum e mexa.
3. Complete com água com gás até um dedo abaixo da borda do copo.
4. Decore com um ramo de hortelã.

CUBA LIBRE

A Cuba Libre tem na política a sua origem, na primeira metade do século XX. Ao proteger as águas caribenhas de submarinos alemães que circulavam na região pouco antes da Segunda Guerra Mundial, os americanos estabeleceram algumas bases militares em Trinidad e Tobago, Cuba e ilhas da região.

Nessa época, os soldados americanos descobriram o rum, que era bem mais barato que a cerveja. Para aliviar o teor alcoólico elevado e deixar a bebida mais refrescante, misturavam-na com um copo de **Coca-Cola** e um pouco de suco de limão. O coquetel recebeu então o nome de Cuba Libre, para fazer referência à independência de **Cuba** ocorrida anos antes, tarefa que contou com o auxílio dos norte-americanos.

Daí o seu protagonismo e forte presença nos bares da região, nos Estados Unidos e depois pelo mundo, consolidando a fama do coquetel e acentuando ainda mais a importância do rum na cena da coquetelaria mundial.

Ingredientes

» 120 ml de Coca-Cola

» 50 ml de rum

» 15 ml de suco de limão

» Gelo

» Rodela de limão para decorar

Modo de preparo

1. Adicione todos os ingredientes em um copo longo, com gelo.
2. Misture delicadamente.
3. Guarneça com uma ou duas rodelas de limão.

NA GASTRONOMIA

Harmonizações

- **Chocolate**: rum e chocolate formam uma combinação clássica. Experimente harmonizar um bom rum com um chocolate escuro ou trufas de cacau.
- **Frutas tropicais**: o rum combina bem com frutas tropicais, como abacaxi, coco e manga. Pense em coquetéis de rum com essas frutas ou sobremesas de frutas exóticas. Foi essa a linha de pensamento na criação dos coquetéis Tiki.
- **Pratos com caramelo**: pratos que levam caramelo ou molho como ingrediente podem realçar os sabores do rum.

A VODKA

A origem da vodka é um tema controverso entre russos e poloneses, pois ambos alegam ser o inventor da bebida. O termo "vodka" teria derivado do russo "*voda*", que significa "água". Já segundo a origem polonesa, teria derivado do termo "*zhiznennia voca*", que significa "água da vida", como no latim "*aqua vitae*" ("aguardente").

Acredita-se que a vodka tenha suas raízes no leste da Europa, remontando a séculos atrás. A primeira menção documentada da bebida data do início do século IX na **Polônia**, originada da fermentação de tubérculos ricos em amido, como a batata.

Uma das principais virtudes da vodka na coquetelaria é a sua **neutralidade**. Ela aporta álcool, mas sem sobreposição aos demais componentes dos coquetéis, por isso é bastante utilizada em alguns dos clássicos mundiais.

PRODUÇÃO E TIPOS

Produzida da destilação de fermentados provenientes de cereais e tubérculos, sua principal característica é a de ser uma bebida neutra de sabor, limpa no paladar; portanto, quanto mais retificada e pura, melhor.

Um produtor no final do século XIX criou uma vodka com destilações repetidas que recebeu o nome de Absolut, por ser tratar do mais puro álcool obtido depois de dez etapas de destilação.

A vodka é tipicamente destilada a partir de cereais, batatas, uvas ou outros produtos agrícolas ricos em amido ou açúcar. Existem **diferentes tipos de vodka**, incluindo:

» **Vodka neutra**: variedade mais comum, geralmente destilada várias vezes para eliminar impurezas e sabores, resultando em uma vodka com gosto neutro e sem distinções de sabor ou aroma.

» **Vodka saborizada**: infundida com ingredientes como frutas, ervas, especiarias ou outros sabores. Exemplos populares incluem vodka de framboesa, pimenta e limão.

» **Vodka premium**: destilada com mais cuidado e atenção aos detalhes, muitas vezes em pequenos lotes. É valorizada por sua suavidade e características de sabor únicas.

os coquetéis COM VODKA

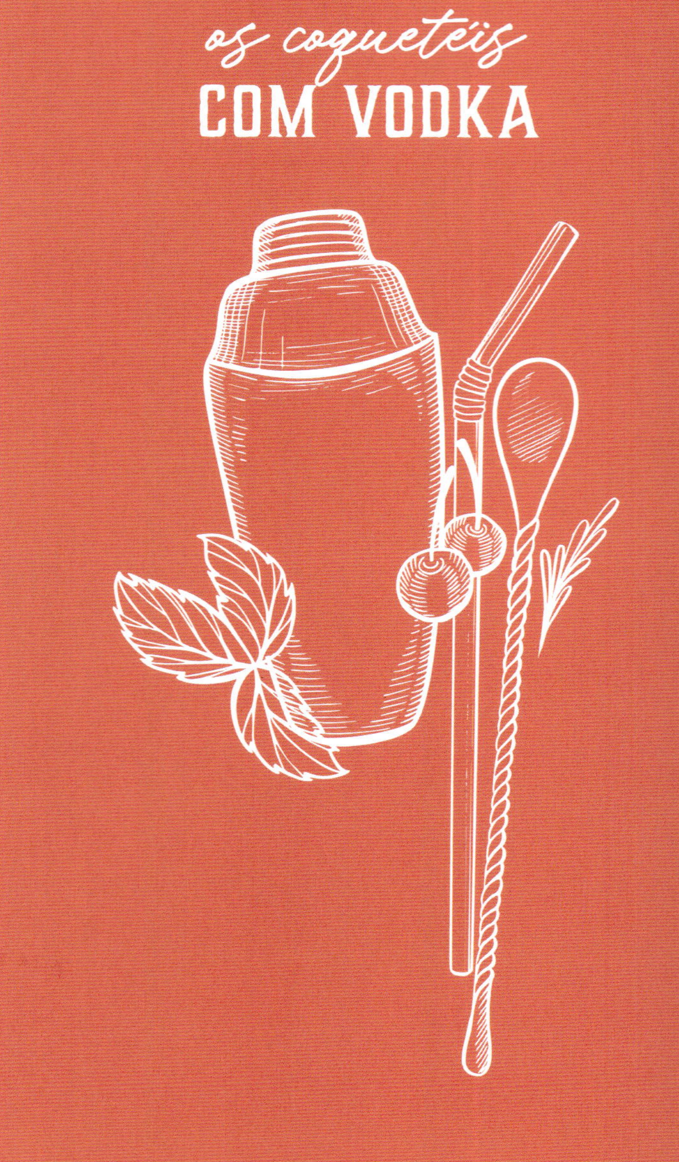

CAJU AMIGO

(Restaurante Tordesilhas)

Um dos drinks mais clássicos e importantes com a vodka, o Caju Amigo foi criado em **São Paulo** e imortalizado no antigo e extinto **Restaurante Pandoro**, em 1974, que em tempos duros de ditadura reunia boêmios e intelectuais no balcão de seu bar.

Talvez nenhum outro coquetel brasileiro esteja tão relacionado ao seu momento e local de origem como este. Inicialmente sem nome, era pedido pelos clientes ao bartender ou garçom com a frase: "Vê um caju, amigo?". Dessa forma, ganhou o nome de Caju Amigo.

Ingredientes

» 1 unidade de caju em calda (encontrado em empórios)

» 1 colher de chá de açúcar

» 50 ml de vodka

» Gelo

» Suco de caju

» Bitter

Modo de preparo

1. Coloque nesta ordem em um copo longo: 1 caju em calda, 1 colher (chá) de açúcar, gelo, 50 ml de vodka, suco de caju e 4 gotas de um bitter.
2. Misture delicadamente com uma colher.
3. Decore com um pedaço de compota de caju ou uma fatia da fruta fresca quando possível.

MOSCOW MULE

O coquetel original foi criado em **1941** pela necessidade de alavancar a venda de três produtos que na época não eram muito bem aceitos pelo mercado (a vodka, a cerveja de gengibre e as canecas de cobre).

John "Jack" Morgan, proprietário do **Hollywood Cock'n Bull Restaurant** e presidente da Cock'n Bull Products, havia criado uma cerveja de gengibre pouco apreciada pelos clientes, e sua namorada tinha uma empresa que fabricava canecas de cobre, que para ele eram baratas e fáceis de encontrar.

No final da década de 1930, John Martin, presidente da Heublein, comprou os direitos de produção e distribuição da vodka Smirnoff, mas a bebida não fez sucesso imediato.

Eles resolveram, então, juntar as duas bebidas nessa caneca barata e que mantinha a bebida gelada por mais tempo, e a nomearam de Moscow Mule. Graças ao excelente trabalho de marketing de Mr. Martin, companheira de John "Jack" Morgan, a bebida caiu no gosto popular.

Ingredientes

» 60 ml de vodka

» 180 ml de cerveja de gengibre

» 10 ml de suco de limão

» Gelo

» Fatia de limão ou folhas de hortelã para decorar

Modo de preparo

1. Misture tudo em uma caneca de cobre Mug.
2. Decore com fatias de limão ou hortelã.

Devido à dificuldade de encontrar a cerveja de gengibre no **Brasil**, foi criada outra versão com o xarope de gengibre, que pode ser emulsionado com clara de ovos para ficar com aquela espuma que encontramos nos drinks.

Ingredientes

- » 50 ml de vodka
- » 3 colheres de chá de xarope de gengibre
- » 100 ml de água com gás
- » Suco de ½ limão
- » ½ colher de sopa de açúcar
- » Gelo
- » Rodela de limão/pepino ou uma folha de hortelã para decorar

Modo de preparo

1. Em uma caneca de cobre, coloque o gelo e a vodka.
2. Adicione o suco de limão, o açúcar e o xarope de gengibre.
3. Complete a mistura com a água com gás e mexa suavemente.
4. Se preferir, emulsione o xarope de gengibre com clara de ovos e finalize o coquetel com essa espuma, substituindo o xarope da receita.
5. Decore com uma rodela de limão/pepino ou uma folha de hortelã.

Outro espaço que tem nos coquetéis uma marca do tempo é o **Riviera Bar**, inaugurado em 1949 no térreo do modernista Edifício Anchieta, na esquina da Avenida Paulista e Rua da Consolação, em São Paulo. Ficou fechado por algumas temporadas e foi reaberto em 2022 com a curadoria e comando do falecido bartender Mestre Derivan. O bar era bastante frequentado por intelectuais e artistas e recebeu grandes nomes da cena artística nacional, como Chico Buarque, Elis Regina, Toquinho, os cartunistas Laerte, Chico Caruso e Angeli, entre outros.

BLOODY MARY

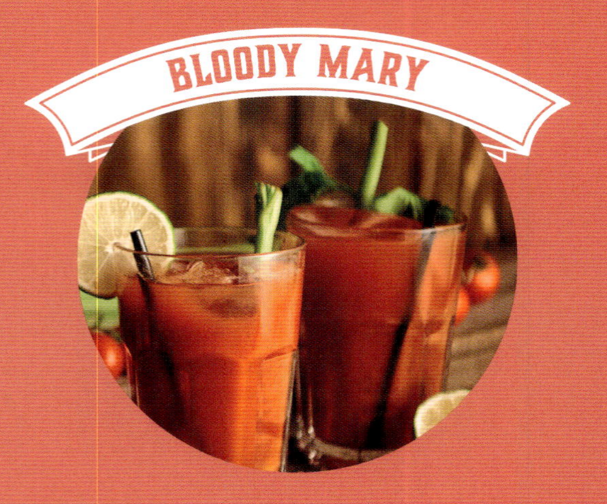

O Bloody Mary é um famoso e icônico coquetel criado na época da **Lei Seca americana** com o intuito de disfarçar o consumo de álcool utilizando a vodka, por sua neutralidade, e muitos temperos, tais como pimenta, molho inglês, sal e salsão para aromatizar.

Ingredientes

- 45 ml de vodka
- 90 ml de suco de tomate
- 15 ml de suco de limão
- 3 a 4 gotas de molho de pimenta
- 3 a 4 gotas de molho inglês (Worcestershire)
- Pitada de sal e pimenta-do-reino
- Gelo
- Talo de aipo, fatia de limão e tomate ou azeitona para decorar

Modo de preparo

1. Em um copo alto com gelo, adicione a vodka, o suco de tomate, o suco de limão, o molho de pimenta, o molho inglês, o sal e a pimenta-do-reino.
2. Mexa bem e decore com um talo de aipo, uma fatia de limão e uma azeitona.

NA GASTRONOMIA

Harmonizações

A vodka é uma das bebidas destiladas mais populares do mundo devido à sua versatilidade e neutralidade de sabor.

Ela desempenha um papel importante na gastronomia, tanto em pratos tradicionais quanto em novas combinações de sabores em coquetéis e na cozinha contemporânea.

Aqui estão alguns exemplos:

» **Coquetéis**: a vodka é um ingrediente-chave em muitos coquetéis populares, como Martini, Bloody Mary, Cosmopolitan e Moscow Mule. Sua natureza neutra a torna versátil para combinar com vários outros sabores.

» **Molhos e marinadas**: a vodka é frequentemente usada em molhos e marinadas para pratos de carne e peixe. Ela pode realçar o sabor, amaciar a carne e adicionar complexidade aos pratos.

» **Sobremesas**: a vodka é usada na fabricação de sorvetes, tortas e outros doces. Ela ajuda a evitar que a sobremesa congele completamente, tornando-a mais suave e com uma textura agradável.

» **Pratos russos**: em pratos russos tradicionais, a vodka é frequentemente servida como aperitivo. Ela é consumida em pequenos goles entre as mordidas de comida e é vista como uma parte integral da experiência culinária russa.

» **Peixes e frutos do mar**: a vodka limpa o paladar, o que a torna uma excelente escolha para acompanhar pratos de peixe ou outros frutos do mar.

» **Caviar**: a combinação de vodka e caviar é uma harmonização clássica e sofisticada.

» **Aperitivos**: a vodka pode ser servida com uma variedade de aperitivos, como queijos suaves, azeitonas, pepinos em conserva e patês.

O WHISKY

Não há registro exato de quando e onde os primeiros whiskies surgiram, mas se sabe que começaram a ser destilados em uma região ao **norte da Escócia**, conhecida inicialmente por ser território dos High, família descendente dos Haga, por isso "terra dos High", Highland.

No livro de David Daiches (1969), *O passado e o presente do whisky* (*Scotch Whisky: its past and present*), há o relato da primeira menção a uma bebida destilada a partir da cevada no ano de 1494, em que consta o provisionamento de oito barricas de malte ao Frei John Cor para a produção de "*aqua vitae*", expressão original do latim que em português significa "água da vida".

Dois séculos depois aparecem escritos com o nome "*usquebaugh*", uma forma intermediária entre o antigo gaélico "*uisge beatha*", como a bebida era conhecida, e a palavra moderna "whisky", segundo associam alguns escritores tanto da Escócia como da Irlanda.

A forma "*usquebaugh*" aparece em uma cantiga, provavelmente escrita entre 1602 e 1603 por John Marston's, chamada "The Malcontentes":

The Dutchman for a drunkard,
The Dane for golden locks,
The Irishman for usquebaugh,
The Frenchman for the [pox].

O desenvolvimento da produção do whisky em terras escocesas se deu em especial devido ao clima mais frio e ameno durante praticamente o ano todo, além das características de aroma e sabor adicionadas à bebida durante o processo intermediário de produção de uma de suas matérias-primas, o malte de cevada.

Uma classificação tradicional dos whiskies escoceses é feita pela diferença na produção de seus maltes, divididos em quatro principais grupos: Highlands, Lowlands, Campbeltown e Islay. Os mais famosos de Highlands são os maltes provenientes

Destilaria Lagavulin, Escócia, Ilha de Islay

do leste de Banffshire e áreas adjacentes. O rio Spey e seus afluentes, região conhecida como Speyside, têm o maior número de destilarias por quilômetro quadrado da Escócia.

PRODUÇÃO

Para que o whisky seja produzido, é necessário produzir os grãos dos cereais, armazená-los e depois dar início ao processo em qualquer época do ano, mas principalmente no inverno e na primavera. Também é necessário o malte, que é o cereal transformado pelo **processo de maltagem**.

Não há registro de quando isso começou a ser feito, mas, das informações obtidas, a hipótese mais aceita é que a malteação foi descoberta por povos antigos que viviam na região da Mesopotâmia, a qual compreende as terras férteis entre os rios Tigre e Eufrates, onde atualmente estão localizados o Iraque, partes da Síria, Irã e Turquia.

A história provável da descoberta da malteação pode ter acontecido da seguinte forma: as comunidades antigas eram nômades e caçadoras-coletoras, e coletavam grãos selvagens, como cevada e trigo, como parte de sua dieta. Elas então descobriram que podiam armazenar esses grãos em bolsas ou cestas. Quando guardados em áreas escuras e úmidas, os grãos criavam as condições ideais para a germinação.

Durante a germinação, os grãos começaram a produzir pequenos brotos, tornando-se inutilizáveis para consumo direto. No entanto, as pessoas

Copo típico para whisky

notaram que os grãos germinados eram diferentes e, ao experimentá-los, perceberam um sabor adocicado.

Ao repetir o processo de umedecimento, secagem e torrefação, os antigos descobriram que podiam controlar o nível de germinação e, assim, produzir grãos com características específicas, como diferentes cores e sabores.

Com o tempo, essas comunidades desenvolveram técnicas mais sofisticadas para controlar o processo de maltagem, permitindo a produção consistente de malte para uso na fabricação de bebidas alcoólicas, como a cerveja e, futuramente, o whisky.

Depois de passar pelo processo de maltagem, o cereal é fervido com água para extração de seus carboidratos fermentáveis. Após a fermentação, esse mosto é colocado nos destiladores, alambiques com o capitel em formato de cebola, que são os mais utilizados na fabricação do whisky. Por fim, depois de destilados, são colocados em barricas de carvalho para ganhar complexidade olfativa e gustativa.

Descobriu-se que os barris utilizados anteriormente para a guarda do Jerez, transportados da Espanha para a Inglaterra e reutilizados para essa guarda do whisky, tornavam os cereais melhores do que aqueles colocados em barricas novas. Hoje, grandes produtores da bebida fazem uso dessas barricas utilizadas em Jerez para melhorar a qualidade de seus produtos.

OS TIPOS DE WHISKY

Há diversos tipos de whisky produzidos tanto a partir dos maltes de cevada como dos maltes de aveia, centeio e milho, e também de cereais não maltados. Apesar de fazerem parte da mesma grande família dos whiskies, cada um possui uma nomenclatura e características sensoriais próprias.

Os whiskies podem se dividir em alguns tipos e estilos:

» **Scotch Whisky**: é o mais conhecido, produzido apenas na Escócia. Pode ser originário de qualquer uma das principais regiões produtoras do país (Highlands, Lowlands, Islay, Campbeltown e Speyside). Devido a suas situações geográficas, as regiões possuem águas e turfas com diferenças significativas. Utilizadas no processo produtivo das bebidas, essas águas e turfas dão uma identidade sensorial a cada uma delas.

» **Irish Whisky**: produzido na Irlanda, também encontrado na grafia "whiskey", é muito comum no país. Proveniente de outros maltes além da cevada, tais como centeio, trigo e aveia.

» **Whisky americano**: outro tipo de whisky muito encontrado com a grafia "whiskey" devido à influência irlandesa. É produzido a partir do milho e dividido em Bourbon, Straight Bourbon, Blended Bourbon, Rye e Tennessee Whiskey.

» **Whisky japonês**: produzido por destilarias japonesas, tenta recriar os estilos escoceses, mas, por conta da água e das características locais, possui algumas diferenças sensoriais, apesar da semelhança do processo produtivo.

» **Outros whiskies**: produzidos por destilarias espalhadas pelo mundo a partir dos cereais maltados, geralmente com alambiques de coluna para fazer frente no comércio com preços baixos.

As classificações do Scotch Whisky são:

» **Single Malt Scotch Whisky**: produzido a partir de um tipo único de malte e de uma mesma destilaria.

» **Blended Malt Scotch Whisky**: produzido a partir de misturas de whiskies Single Malt de diversas destilarias.

» **Blended Scotch Whisky**: feito a partir da mistura de diversos tipos de maltes e grãos não maltados. Responde por cerca de 90% da produção e é o mais conhecido.

» **Single Grain Scotch Whisky**: proveniente de uma única destilaria, feito com o uso de cereais maltados e não maltados.

» **Blended Grain Scotch Whisky**: mistura de whiskies de diversas destilarias, com maltes e grãos não maltados no processo de produção.

Além das diferenças nos alambiques, a própria arquitetura das destilarias escocesas foi desenvolvida com um tipo de construção que permite a livre circulação de ar, a extração de vapores e a manutenção da temperatura por convecção devido ao formato de suas chaminés, que elimina a fumaça, o gás carbônico gerado nas fermentações e permite a entrada de ar fresco.

MANHATTAN

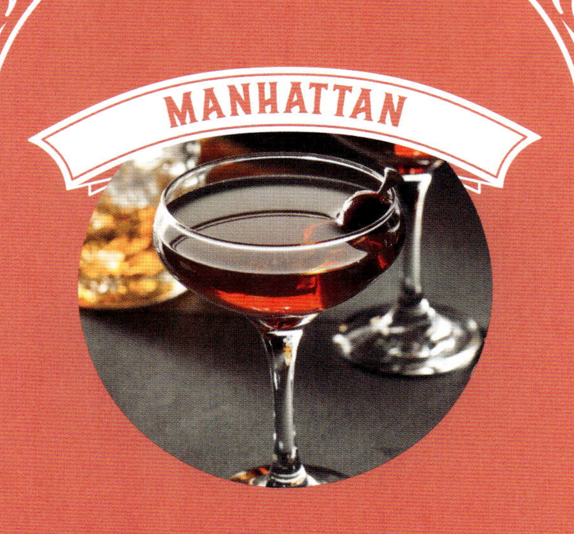

Ingredientes

- 60 ml de Whisky Bourbon ou Rye
- 30 ml de vermute tinto (Vermouth)
- 2 dashes de bitter Angostura
- Gelo
- Cereja para decorar

Modo de preparo

1. Em um copo misturador com gelo, adicione o whisky, o vermute tinto e os dashes de Angostura.
2. Mexa bem e coe para um copo de coquetel previamente resfriado.
3. Decore com uma cereja.

WHISKY SOUR

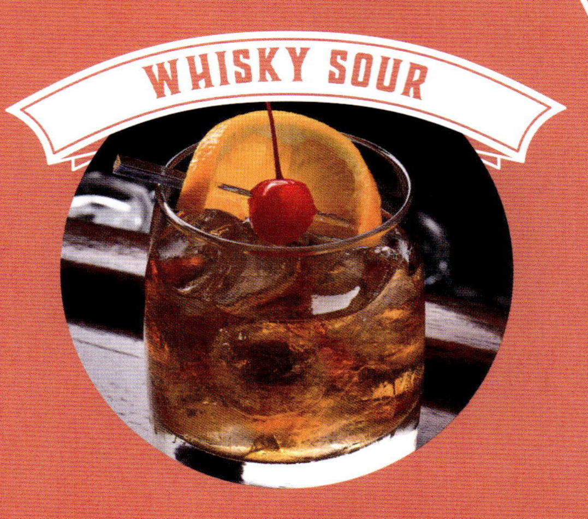

Ingredientes

- 60 ml de Whisky Bourbon ou Scotch
- 30 ml de suco de limão
- 15 ml de xarope simples (água e açúcar em partes iguais)
- Gelo
- Fatia de limão e cereja para decorar

Modo de preparo

1. Em uma coqueteleira com gelo, adicione o whisky, o suco de limão e o xarope simples.
2. Agite bem e coe para um copo baixo com gelo.
3. Decore com uma fatia de limão e uma cereja.

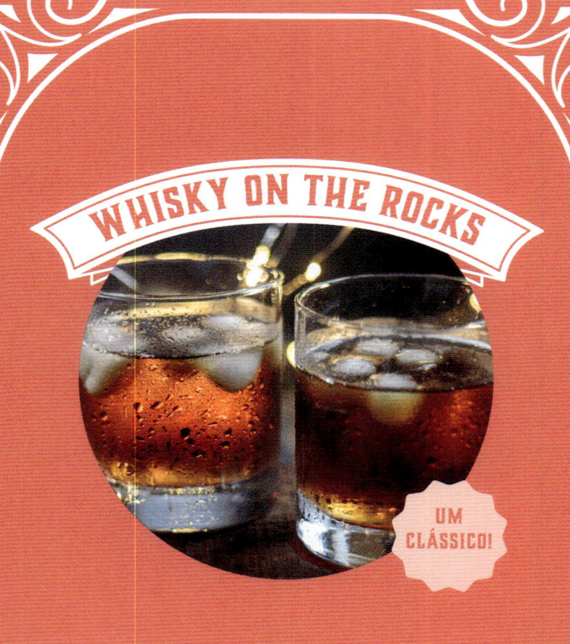

Ingredientes

» 60 ml de whisky

» Gelo

Modo de preparo

1. Em um copo Tumbler, também conhecido como On The Rocks ou simplesmente Rocks, de bojo largo, paralelo e baixo, acrescente muito gelo e 60 ml de whisky.
2. Sirva sobre um porta-copos.

NA GASTRONOMIA

Harmonizações

» **Charutos**: alguns whiskies, especialmente o Scotch com sabor mais defumado, combinam bem com charutos de qualidade.

» **Queijos envelhecidos**: queijos como cheddar envelhecido ou gouda podem realçar os sabores complexos de um bom whisky.

» **Carnes grelhadas**: carnes defumadas ou grelhadas, como carne vermelha, costela e frango, podem harmonizar bem com whiskies mais encorpados.

O COGNAC (CONHAQUE)

Os cognacs são bebidas produzidas em uma região específica da **França**, Poitou-Charentes. Passam por duas etapas de destilação, portanto são **bidestilados**.

Por esse motivo, são produzidos com alambiques também conhecidos como alambiques charentais, pois permitem essa destilação em duas etapas, da mesma forma que são produzidos todos os destilados naquela região.

PRODUÇÃO

Primeiro se destila um líquido com teor alcoólico mais baixo, entre 17% e 23% de álcool, chamado de "*broulli*", que depois passa por uma segunda destilação para que se obtenha o destilado final com cerca de 80% de álcool. Ele então repousa em barricas de carvalho nas caves, envelhecendo, depois é padronizado com água para o teor alcoólico de 40%, para em seguida ser engarrafado e comercializado.

Antigamente os cognacs eram produzidos por prestadores de serviço, que carregavam seus alambiques em carroças e iam de propriedade em propriedade executando a destilação das bebidas. Essa atividade foi proibida para que houvesse um maior controle não apenas dos volumes produzidos, mas principalmente da qualidade das bebidas.

O armagnac é outro destilado, irmão do cognac, mas produzido ao sul da cidade de Bordeaux, na região conhecida como Bas-Armagnac, com as mesmas variedades de uva do cognac e a diferença de que é feito com uma única destilação.

Os cognacs e os armagnacs são destilados com teor alcoólico bastante elevado. Cerca de 80% a 85% são colocados em barricas de carvalho para adquirir sabores e aromas mais complexos. À medida que a bebida envelhece, eles perdem uma parte desse teor alcoólico por evaporação, que se deposita no teto das caves e alimenta um tipo de fungo que parece algodão – daí surgiu a expressão "a parte dos anjos" para se referir à parte do líquido evaporada.

Depois desses períodos de envelhecimento, os cognacs são retificados com água para ficar com teor alcoólico de 40% em volume, de acordo com as regras da Appellation d'Origine Contrôlée (AOC).

Os cognacs são provenientes da destilação do mosto fermentado das uvas ugni blanc, que produziam vinhos com baixo teor alcoólico e elevada acidez, por isso foram destinadas para a produção dos destilados, que melhoravam a qualidade e o ganho dos produtores por ter maior valor do que seus vinhos.

AS REGIÕES E OS TIPOS DE COGNACS

A região do Cognac, em Poitou-Charentes, é dividida por áreas em função de seu *terroir*. Cada região produz bebidas com características organolépticas próprias e reconhecíveis pela degustação e percepção sensorial.

La Grande Champagne

La Petite Champagne

Les Borderies

Les Fins Bois

Les Bons Bois

Les Bois à Terroir ou Bois Ordinaires

La Fine Champagne

La Grande Champagne

Grande Champagne dá origem a bebidas de grande delicadeza e marcadas por muita distinção e persistência, com *bouquet* predominantemente floral. Com maturação lenta, suas aguardentes exigem um longo envelhecimento em barricas de carvalho para adquirir a plena maturidade.

La Petite Champagne

Suas aguardentes têm substancialmente as mesmas características das de Grande Champagne, sem, no entanto, oferecer a sua extrema delicadeza e a persistência gustativa.

Les Borderies

Esta região produz destilados redondos, aromáticos e doces, caracterizados por um aroma violeta. Eles têm a reputação de adquirir sua qualidade ideal após uma maturação mais curta do que as aguardentes da região de Champanhe.

Les Fins Bois

Fins Bois representa a região com os maiores vinhedos. Produz brandies redondos e macios, que envelhecem mais rapidamente e cujo *bouquet* frutado lembra uvas prensadas.

Les Bons Bois e Les Bois à Terroir ou Bois Ordinaires

Estas regiões produzem aguardentes com aromas frutados e que envelhecem rapidamente. São os cognacs mais econômicos. Os cognacs se dividem em categorias dependendo do seu tempo de permanência e estágio nas barricas de carvalho, e dos blends ou misturas que são feitas depois desses períodos para manter os estilos das bebidas.

La Fine Champagne

Os cognacs apresentados sob o nome Fine Champagne possuem características organolépticas da mistura de destilados provenientes de Grande Champagne (pelo menos metade) e um pouco de Petite Champagne, reunindo grande qualidade.

O TEMPO DE ENVELHECIMENTO DO COGNAC E SUAS DESIGNAÇÕES

Vejamos as idades mínimas para expedição das bebidas espirituosas de cognac:

- » **2 anos de barricas**: para menções "3 Étoiles", "Sélection", "VS", "Deluxe" e "Very Special", e "Millésime".
- » **3 anos de barricas**: para menções "Supérieur", "Cuvée Supérieure" e "Qualité Supérieure".
- » **4 anos de barricas**: para menções "V.S.O.P.", "Réserve", "Vieux", "Rare" e "Royal", e "Very Superior Old Pale".
- » **5 anos de barricas**: para menções "Vieille Réserve", "Rare Réserve" e "Réserve Royale".
- » **6 anos de barricas**: para menções "Napoléon", "Très Vieille Réserve", "Très Vieux", "Héritage", "Très Rare", "Excellence" e "Suprême".
- » **10 anos de barricas**: para menções "XO", "Hors d'Âge", "Extra", "Ancestral", "Ancêtre", "Or", "Gold" e "Impérial" "Extra Old", "XXO" e "Extra Extra Old".
- » **14 anos de barricas (no mínimo)**: para menções "XXO" e "Extra Extra Old" (são termos específicos para os quais as aguardentes devem ser envelhecidas durante pelo menos 14 anos).

NA GASTRONOMIA

O cognac é bastante utilizado na produção de vários pratos na cozinha. Um dos exemplos mais clássicos é o strogonoff.

Utilizado para flambar e adicionar aromas e sabores nas preparações, é também muito versátil e faz parte de muitas receitas de sobremesas.

Harmonizações

- » **Frutas secas**: o cognac e as frutas secas, como damasco, figo e ameixa, formam uma bela harmonização, especialmente após uma refeição.
- » ***Foie gras***: o *foie gras* e o cognac combinam bem, criando uma experiência rica e saborosa.
- » **Pratos de aves ou caça**: o cognac pode acompanhar pratos de aves ou caça, como pato ou faisão.

O ABSINTO

No século XIX, surgiu na **Suíça**, na região do Val-de-Travers, uma bebida destilada do mosto infusionado com as folhas da losna, uma planta comum na região, também chamada de *Artemisia absinthium*.

O absinto foi criado na década de 1790 pelo médico francês Pierre Ordinaire, que vivia na Suíça. Ele o criou como uma espécie de elixir à base de álcool destilado da erva *Artemisia absinthium* (ou absinto), uma erva de gosto bem amargo. A produção comercial do absinto começou em 1797, quando um homem chamado Major Dubied comprou a receita do Dr. Ordinaire e começou a fabricá-la em Couvet, na Suíça.

Essa bebida ficou conhecida entre os artistas e intelectuais da *Belle Époque* como fée verte (**fadinha verde**), pela sua cor marcante e porque ocasionava alucinações devido principalmente ao teor alcoólico elevado. Associada à presença da tujona, uma substância encontrada na bebida que tem poder ligeiramente alucinógeno, causava inspiração nos artistas e escritores da época.

O absinto foi combustível para muitos movimentos artísticos, tais como o Impressionismo, Dadaísmo e Cubismo, e foi retratado em obras de artistas como Édouard Manet, que chocou o Salão de Paris de 1859 com seu *O bebedor de absinto*, e Pablo Picasso, que fez uma escultura com o nome da bebida.

Sua produção chegou a ser proibida, mas, depois de melhorias no processo produtivo para a eliminação da tujona, a bebida foi novamente liberada e pode ser encontrada nos mercados mundiais.

PRODUÇÃO

Atualmente o absinto é produzido a partir de **três principais botânicos**, a artemísia, a erva-doce e o anis, sendo que há liberdade de adição de outras ervas.

Pode ser produzido por dois métodos distintos, que produzem bebidas semelhantes, mas de qualidades diferentes.

No método tradicional, que produz uma bebida mais rica e intensa de sabor, deixamos as folhas do absinto e demais ervas macerando por vários dias dentro de álcool proveniente de beterraba ou vinho, como os cognacs, com teor aproximado de 85%. Depois, essa solução é diluída com água e levada a um alambique para destilação, onde acontece novamente a fase de eliminação das porções da cabeça e da cauda do álcool, originando a bebida – de cor verde por causa da clorofila que é extraída durante a maceração das folhas da artemísia (absinto).

O outro método, mais rápido e que origina bebidas com menor qualidade, é o de mistura. Deve-se deixar as ervas macerando em um volume pequeno de álcool para extrair seus aromas e, depois, misturar esse extrato com outro álcool neutro para aromatizá-lo e obter a bebida.

A cor da bebida é decorrente da clorofila presente nas folhas do absinto e pode mudar para tons amarelados com o passar do tempo. Há também os absintos vermelhos, tingidos com folhas de hibisco, de cor mais estável. Hoje em dia, o uso de corantes artificiais faz a bebida apresentar tons verdes muito límpidos e brilhantes.

Alguns também podem envelhecer em barricas de carvalho antes de serem comercializados.

os coquetéis COM ABSINTO

SAZERAC (O CLÁSSICO)

Mistura do cognac com o absinto, criado no século XIX, o Sazerac teve sua receita original alterada nos Estados Unidos no período da Lei Seca, em que o cognac foi substituído por whisky de centeio (Rye Whiskey).

Ingredientes

» 50 ml de cognac ou Rye Whiskey

» 10 ml de absinto

» 1 colher de sobremesa de açúcar

» 2 traços de bitter Peychaud ou Angostura

» Gelo

» Zest de limão ou de laranja para decorar

Modo de preparo

1. Resfrie um copo Old Fashion com gelo.
2. Descarte o gelo e enxague o copo com o absinto.
3. Em uma coqueteleira, misture o cognac, o açúcar, o gelo e o bitter.
4. Descarte o absinto do copo e coe a mistura sobre ele.
5. Decore com um zest de limão ou de laranja.

A TEQUILA

A tequila é uma bebida destilada originária do **México**, especificamente da região de Tequila, no estado de Jalisco. A história da tequila remonta aos tempos pré-colombianos, quando a planta agave, também conhecida como maguey, já era cultivada pelos povos indígenas da região.

Os povos nativos, como os antigos astecas, consideravam o maguey uma planta sagrada. Eles acreditavam que ela tinha poderes divinos e utilizavam suas fibras para fazer tecidos e cordas, suas folhas para cobrir casas e seu néctar para produzir bebidas alcoólicas, como o pulque, fermentado de sua seiva; o mezcal, monodestilado; e finalmente a tequila, destilada duas ou três vezes e envelhecida em barricas de madeira, as chamadas reposadas.

A tequila como a conhecemos hoje tem suas raízes na época colonial, quando os espanhóis chegaram ao México. Os colonizadores europeus levaram a técnica de destilação da aguardente, introduzindo-a na produção do néctar da agave azul. Os missionários espanhóis viram potencial na planta e começaram a destilar o pulque, bebida cerimonial dos astecas e maias, para criar a bebida alcoólica.

PRODUÇÃO

Com o passar do tempo, o processo de produção da tequila foi refinado. No século XVIII, ocorreu uma mudança significativa com a introdução do forno de alvenaria, conhecido como *horno*, utilizado para cozinhar os agaves e extrair o líquido doce, conhecido como mosto. Esse avanço tecnológico permitiu uma produção em maior escala e uma bebida mais uniforme.

Em meados do século XIX, a destilaria Jose Cuervo foi fundada, tornando-se uma das mais antigas e famosas produtoras de tequila. A partir desse período, a bebida ganhou popularidade e começou a ser exportada para outros países.

Em 1974, a tequila foi reconhecida como uma denominação de origem pelo governo mexicano, o que significa que só pode ser produzida na região delimitada pelo estado de Jalisco e algumas áreas adjacentes. Essa proteção legal garante que apenas os produtores daquela região e que seguem os padrões e regulamentos estabelecidos possam usar o nome "tequila" em suas bebidas.

Hoje em dia, a tequila é apreciada em todo o mundo e possui uma grande variedade de marcas e estilos. Existem diferentes tipos de tequila, incluindo a tequila branca (ou prata), a tequila reposada (descansada) e a tequila añejo (envelhecida), cada uma com suas características de sabor e aroma.

os coquetéis COM TEQUILA

A tequila também se tornou um símbolo cultural do México, associada a festividades como o **Dia dos Mortos** e o **Cinco de Mayo**. É frequentemente consumida pura, como um shot, ou utilizada como base para coquetéis famosos, como a Margarita.

MARGARITA

Ingredientes

» 50 ml de tequila prata
» 25 ml de licor Triple Sec
» 30 ml de suco de limão
» Sal refinado
» Gelo

Modo de preparo

1. Faça uma crusta de sal nas bordas de uma taça Margarita.
2. Coloque todos os ingredientes com gelo em uma coqueteleira e bata bastante.
3. Coe sobre a taça e decore com uma rodela de limão.

NA GASTRONOMIA

Harmonizações

» **Comida mexicana**: tequila e comida mexicana, como tacos, guacamole e nachos, combinam perfeitamente, realçando os sabores picantes e cítricos.
» **Frutas cítricas**: a tequila com limão ou *grapefruit* é uma combinação clássica e refrescante.
» **Frutos do mar**: a tequila pode harmonizar bem com frutos do mar, como ceviche ou camarão grelhado.

Lembre-se de que as harmonizações podem variar dependendo do tipo específico de bebida destilada e do estilo de preparação dos alimentos. O importante é experimentar e descobrir as combinações que mais agradam ao seu paladar.

OS COPOS E OS COQUETÉIS

Os coquetéis são uma parte icônica da cultura de bebidas alcoólicas, e sua origem está envolta em mistério e controvérsia. Acredita-se que a palavra "**coquetel**" tenha se originado nos Estados Unidos, no início do século XIX. No entanto, a história por trás dos coquetéis é multifacetada e envolve várias influências culturais e momentos históricos.

Aliado a isso, no decorrer dos séculos XIX e XX, os destilados foram cada vez mais utilizados para o preparo desses drinks e coquetéis, que, apresentados em copos criativos, visualmente bonitos e bem trabalhados com desenhos e formatos diferenciados, deixaram de ser apenas bebidas, ganhando status de representantes de uma época.

Veja aqui alguns **pontos marcantes na evolução dos coquetéis**.

SÉCULO XIX

É a época de surgimento do termo "coquetel". A palavra é frequentemente atribuída ao livro *The balance, and columbian repository*, que em 1806 definiu um coquetel como uma mistura de bebidas alcoólicas com açúcar, água e bitters. O uso do termo "coquetel" para descrever uma bebida alcoólica misturada tornou-se mais comum ao longo do início do século XIX.

O papel das farmácias e bitters

Durante o século XIX, muitos coquetéis eram servidos em farmácias como tônicos medicinais. Os bitters, que eram extratos de ervas concentrados, eram frequentemente usados em coquetéis por conta de suas propriedades medicinais aliadas às propriedades dos diversos tipos de bebidas.

Evolução dos coquetéis clássicos

Durante o século XIX, uma série de coquetéis clássicos começaram a surgir, muitos deles populares até hoje. O Old Fashioned, Sazerac, Martini, Manhattan e alguns outros coquetéis clássicos datam desse período.

Lei Seca e a era dourada dos coquetéis

A Lei Seca nos Estados Unidos (1920-1933) levou à proibição da produção, venda e transporte de bebidas alcoólicas, mas também resultou no florescimento da cultura clandestina de coquetéis. Bartenders famosos, como Harry Craddock, migraram para a Europa, onde continuaram a criar coquetéis. A era dourada dos coquetéis, como é conhecida, foi marcada por inovação e criatividade na criação de bebidas. Dessa época surgiram coquetéis como o Bloody Mary, criado para disfarçar o uso da bebida alcoólica.

Coquetéis Tiki e modernos

Nos anos 1930 e 1940, Donn Beach e Victor "Trader Vic" Bergeron ajudaram a popularizar os coquetéis **Tiki**, que eram conhecidos por suas decorações exóticas e combinações de sabores tropicais. Na segunda metade do século XX, a cultura de coquetéis viu uma evolução contínua, com novas tendências e criações modernas.

A influência de Hollywood e o cinema

Muitos coquetéis acabaram virando clássicos devido à influência promovida pelos filmes e modo de ser dos artistas, de todas as cenas artísticas, desde o cinema até os musicais. Dessa época surgiram alguns coquetéis considerados icônicos, como o Sidecar.

Renascimento dos coquetéis clássicos

A partir dos anos 2000, houve um renascimento do interesse por coquetéis clássicos e uma ênfase na coquetelaria artesanal. Desde então, a profissão do bartender passou por significativos desenvolvimentos e se transformou em uma atividade bastante criativa e reconhecida.

Bartenders começaram a se concentrar em ingredientes de alta qualidade, técnicas de preparo e experiências sensoriais, tornando-se verdadeiros alquimistas que produzem xaropes, bitters e outros insumos próprios a partir de frutos, botânicos e raízes.

Hoje, a cultura de coquetéis é parte integral da cena de bares no mundo inteiro, e a coquetelaria é considerada uma forma de arte, com bartenders altamente treinados e premiados pela habilidade na criação de bebidas variadas, com uma infinidade de sabores e combinações excepcionais.

1.
On The Rocks
ou Short Drink
2.
Old Fashion
3.
Taça Martini
4.
Taça Coupe
5.
Taça Vinho
6.
Copo High Ball
ou Collins
7.
Copo Long Drink
8.
Copo Zombie
9
Taça Margarita
10.
Taça Maria Antonieta

As bebidas destiladas e os preparos a partir delas podem acompanhar refeições e momentos de descontração e relaxamento, como happy hours, festas e outras situações.

As harmonizações com bebidas destiladas podem ser muito gratificantes, mas é essencial lembrar que o paladar é subjetivo, que os seus elevados teores alcoólicos sugerem moderação e as preferências podem variar de pessoa para pessoa.

Taça Escandinava

Mug ou Caneca

Ilustração de copos

Um brinde aos destilados e coquetéis!

Ao longo dos séculos, os destilados se tornaram mundialmente populares, e a produção e o consumo dessas bebidas evoluíram consideravelmente. Temos uma enorme variedade de destilados, cada um com suas características e métodos de produção específicos, o que os torna uma parte importante da cultura e da indústria de bebidas de cada povo e nação.

Como se pode ver, os destilados são bebidas que contam histórias. São bebidas que, por mais que a tecnologia se desenvolva, ainda serão percebidas e valorizadas pela sensibilidade humana. Afinal, como o próprio nome diz, são espirituosas e carregam esse ser indomável e insidioso que transporta o leitor para diversas épocas, quando degusta um destilado com amigos ou quando, solitariamente, lê um livro como este.

Saúde!

DESIGN
e os espaços

PARTE 2

O aspecto psicológico do design que envolve os espaços onde se consomem bebidas é realmente fascinante. Frequentar um local que agrega pessoas, que acrescenta a nossas vidas a sensação de pertencimento a determinado grupo social, completa o **terceiro lugar** da tríade necessária à saúde mental (nossa casa, nosso trabalho e nosso senso de pertencimento, segundo a teoria desenvolvida por Ray Oldenburg em seu livro *The great good place*).

Estar entre as pessoas, estabelecer contatos e relações sociais é um dos principais requisitos para a nossa sanidade mental. Poder relaxar, conversar, formar opinião, festejar ou simplesmente esquecer os problemas do dia a dia requer espaços com design apropriado, pensado, pesquisado, personalizado e sobretudo estudado.

Como profissionais da área de design, sabemos que **nada deve ser por acaso**. Todos os detalhes, como a circulação, a iluminação, os materiais e, consequentemente, a atmosfera e o estilo dos ambientes, devem ter um **objetivo bem definido**, ou seja: o bem-estar, a segurança, a funcionalidade e a praticidade espacial tanto para os consumidores e bartenders como para os funcionários. Os fatores **gerar** e **garantir** consumo não podem ser esquecidos, já que são, na realidade, a razão pela qual os estabelecimentos comerciais existem.

Igualmente importante é lembrar que esses espaços devem ser criados considerando-se uma gama de **elementos fundamentalmente** inter-relacionados. Do nome ao cardápio, do local ao uniforme, tudo deve fazer sentido, ou seja, deve ser **coerente**.

> Entretanto, somente levando-se em conta as interdependências estéticas e funcionais com o público-alvo preestabelecido é que um projeto terá realmente sucesso.

Como já conversamos nos outros livros desta série, sobre **cafeterias** (*Café com design*), **vinotecas/wineries** (*Vinho com design*) e **cervejarias** (*Cerveja com design*), esses estabelecimentos comerciais e de serviço devem ser especificamente projetados para um público-alvo muito bem definido, buscando criar tendências e diferenciadores num dia a dia cheio de incertezas, problemas e trabalho.

UM POUCO SOBRE DESIGN

O consumo de bebidas alcoólicas e divertimento sempre estiveram de alguma forma interligados e presentes na vida das pessoas. A conexão com servir bebidas e refeições para viajantes e promover um local para se fazer negócios data de muito antes do século XVII.

Nesta segunda parte do livro, vamos fazer uma pequena viagem no tempo e rever alguns dos importantes acontecimentos socioeconômicos e culturais que marcaram a arquitetura, o design de interiores, o modo como nos relacionamos socialmente, o que e como bebemos drinks e coquetéis.

> É **importante lembrar** que diferentes épocas estão ligadas a diferentes modos de viver, de se expressar, etc., que se encaixam nos diferentes estilos que se desenvolvem em cada período.
>
> Observe que os hábitos, os modismos, o que se bebe, etc. estão **sempre** interligados e refletidos nos aspectos visuais dos estilos dos bares.
>
> Para entender um estilo, é preciso compreender a época em que foi importante, como eram as pessoas, como se expressavam socialmente, como se relacionavam com a vida.

São vários os **estilos** importantes para o **design** de modo geral, por isso resolvemos analisar os que acabaram por influenciar mais nosso **cotidiano** e nosso modo de **saborear** um drink ou coquetel, em casa ou num bar, já que neste livro falamos de destilados e design.

Alguns, se não a **maioria dos estilos** que citamos aqui, são representações de épocas e continuam sendo utilizados ou adaptados até hoje em estabelecimentos como bares e restaurantes.

Nossa primeira parada será no **século XIX**, quando bares se espalharam por todo o oeste americano, primeiramente instalados em “tendas”, passando para construções na versão de **tavernas/*saloons***.

No livro *A short history of drunkenness* (*Uma breve história da bebedeira*) de Mark Forsyth, escrito em 2017, o autor retrata os *saloons* do oeste americano de uma forma bastante interessante, comparando os *saloons* que realmente existiram com os dos filmes de Hollywood.

A importância e os detalhes do balcão podem ser observados no projeto do bar **Darling Darling**, em Fremantle, na Austrália, onde o projeto de design de interiores **realista** e **cenográfico** acabou transformando o local em muito mais do que um simples bar.

O design transporta os clientes ao porão de um barco antigo, como os que ancoravam no porto da cidade de Fremantle, numa verdadeira **viagem no tempo e no espaço**.

Iluminação, **música** de fundo e **detalhes** decorativos promovem uma completa **experiência** sensorial num espaço imaginário!

A primeira curiosidade citada por Mark Forsyth é o fato de que sempre existia **mais de um *saloon*** no centro dos pequenos vilarejos, e não somente um grande estabelecimento.

A **planta baixa era estreita** e **comprida**, localizada preferencialmente numa **esquina** para maior impacto visual, e sem portas vai e vem curtas e leves como em todos os filmes. Pelo contrário, as portas eram **duplas**, **pesadas** e com **alturas normais**, ou quase normais, para dar privacidade, proteger do frio e do vento. Pequenas portas podiam ser encontradas instaladas apenas em *saloons* do extremo oeste, onde o calor poderia ser demais.

A **fachada** era, na maioria das vezes, falsa, ou seja, um local com somente o piso térreo, e havia uma frente com dois andares, como um painel, "fixado à construção", com janelas e até mesmo calhas para um telhado que não existia. Era muito fácil perceber quando a construção não tinha dois pavimentos, pois o painel era facilmente visível.

O "status" do *saloon* estava no longo **balcão** polido de madeira mogno ou nogueira, entalhado e "precioso", sempre posicionado em um dos lados do espaço interno estreito, na maioria das vezes à esquerda de quem entrava, e não diretamente em frente à porta de entrada.

Outra peça **símbolo de status** na qual se investia muito dinheiro era o **espelho**, na maioria das vezes de comprimento igual ao do balcão, que, pendurado na parede oposta, permitia ao proprietário vigiar o que acontecia enquanto servia seus clientes.

É interessante ressaltar que Mark Forsyth, em seu livro, não encontrou explicação para uma **barra em latão dourado** que sempre estava incorporada ao design do balcão junto ao piso. Possivelmente seria para apoiar os pés ou mesmo limpar as botas devido à falta de saneamento e ao esterco, que acabava agarrado às botas. Entre a barra e o piso ficavam as **escarradeiras**, já que a ordem do dia era mascar tabaco.

Nessa época se bebia **whiskey** (álcool puro, açúcar queimado e um pouco de tabaco de mascar), **Bourbon** e **cerveja**, e o **piano vertical** era o instrumento que comumente se encontrava nos *saloons*.

A prova da importância desses estabelecimentos na época do Faroeste está nos filmes de cowboy americanos, nas famosas cenas em ambientes de *saloons* que ofereciam **whisky**, **refeição**, **jogo** de carta e **divertimento** para todos os **homens** que se estabeleciam na região ou que simplesmente estavam de passagem entre um local e outro do país.

O CINEMA CONFIRMA

A comédia western *Maverick*, de 1994, com **Jodie Foster**, **Mel Gibson** e **James Garner**, é um bom exemplo para dar uma "olhada" na configuração e nos elementos da arquitetura e design de interiores dos *saloons*, e tentar estabelecer qual teria sido o "*briefing*" que gerou a arquitetura e o design de interiores do local.

FORAM CRIADAS AS CADEIRAS E BANCOS THONET

Michael Thonet (1796-1871) foi um marceneiro austríaco/alemão que criou um novo **design** e **estilo** de cadeiras utilizando **ripas de madeira curva**.

Sua mais famosa peça é a **cadeira número 14**, de **1859**, que atingiu seu pico de vendas em **1912** com dois milhões de peças fabricadas e vendidas em todo o mundo, ficando conhecida como cadeira para bistrô (cafés).

A peça podia ser exportada para qualquer lugar, já que seu design permitia que fosse desmontada e montada facilmente, ocupando pouquíssimo espaço no transporte.

Cafés, bares e restaurantes usam muito as cadeiras confortáveis, leves e práticas do final do século XIX.

Cadeira 14 | Cadeira banco 18 | Banco 56 | Banco Banana | Cadeira 209

Modelos como os das cadeiras número **14**, **18** e **56** (1900), número **209** (adorada por Le Corbusier e outros arquitetos) e do **banco Banana** tornaram-se **ícones** da história do design. Hoje, de **domínio público**, podem ser copiados e alterados sem pagamento de direitos autorais ao seu criador. Encontramos diferentes versões que podem complementar projetos de design de interiores inspirados na época.

The Flaming Galah, um **LGBTQIA+ bar** em Fremantle, Austrália, utiliza as **cadeiras Thonet 14**, que, pintadas na mesma cor e tonalidade da meia-parede, parecem desaparecer no ambiente, criando a ilusão de que os tampos das mesas flutuam.

Suas proprietárias decoraram as paredes com diferentes espelhos, fotos de revistas *queer* e ainda com presentes de amigos e clientes.

A PARTIR DOS ANOS 1920...

Os anos 1920 no Brasil e no mundo foram muito significativos.

Estávamos num **período de mudanças**, pois a população deixava o campo, a agricultura, e migrava para as cidades em busca de trabalho trazido pela **industrialização**.

A gripe espanhola que matou brasileiros por dois anos foi **extinta** em 1919, e tivemos todos os motivos para comemorar a nova era com um super carnaval em 1920.

Foi o tempo do surgimento da **classe operária brasileira**, que acabou sendo composta quase que 90% por imigrantes vindos de Portugal, Itália e Japão, e que já sabiam lidar com os equipamentos da industrialização.

A nova mão de obra, tão necessária, trouxe **novas referências** culturais para as nossas vidas. Foi um período de passeatas e rebeliões; pairava no ar um ideal anarquista, socialista e revolucionário.

A SEMANA DE ARTE MODERNA E A CAIPIRINHA

Cem anos após a independência do Brasil, o ano de 1922 ficaria marcado como um novo momento na **vida cultural brasileira** – mudanças aconteciam em todos os países.

A **Semana de Arte Moderna**, que aconteceu de 13 a 17 de fevereiro no Theatro Municipal de São Paulo, foi um movimento criado por **intelectuais**, **arquitetos**, **compositores** e **artistas** que estabeleceram novos padrões para a arte brasileira contra o conservadorismo da época. Iniciava-se o **Modernismo** no Brasil.

Foi uma declaração em favor da **renovação**, da independência do Brasil também em relação às artes. Esse movimento acabou se espalhando por todo o território nacional na pintura, poesia, música, etc., e também mesclando-se aos movimentos sociais que já se desenvolviam pelo país.

Os **principais nomes da semana** foram Mário de Andrade, Manuel Bandeira, Oswald de Andrade, Anita Malfatti, Heitor Villa-Lobos e Di Cavalcanti.

A pintora **Tarsila do Amaral**, uma das líderes mais famosas do movimento, teria escolhido como **bebida oficial** da Semana de 22 a **Caipirinha**, pois, segundo ela, não existia bebida mais brasileira.

Após 1930, a Caipirinha já podia ser encontrada em diferentes estados do Brasil, não somente no estado de São Paulo, onde, de acordo com uma das possíveis versões, teria sido criada primeiramente como **remédio**, em 1918, para combater a gripe espanhola.

Em 1922 também foi criado o nosso **Guaraná Champagne Antarctica**, outro ícone nacional.

ENQUANTO ISSO, NOS EUA...

As mudanças ocorridas nos **Estados Unidos** foram muito importantes para o universo dos bares e para o surgimento de algumas **soluções de design** bastante interessantes que ainda vêm sendo revisitadas.

Foi a partir da década de 1920 que a população americana, como no Brasil, teria migrado para as cidades, e a população das cidades acabou ultrapassando a população que morava em fazendas.

O **consumismo americano** teria realmente florescido com as pessoas comendo, bebendo, assistindo às mesmas coisas e se divertindo da mesma maneira. Ele estava

GUARANÁ SODA

Não é uma Caipirinha, mas é refrescante. (Veja a receita da Caipirinha na página 38).

Ingredientes

- 50 ml de cachaça
- 120 ml de Guaraná
- Suco de ½ limão
- Algumas folhas frescas de hortelã
- Gelo

Modo de preparo

1. Coloque a hortelã e o suco de limão num copo e cubra-os com a cachaça.
2. Deixe descansar por 1 hora.
3. Acrescente o Guaraná e o gelo e sirva.

refletido, por exemplo, nos novos **carros** e em **eletrodomésticos** como aspiradores de pó e lava-roupas, que passaram a fazer parte da vida das famílias.

A economia ia de "vento em poupa" e o país se divertia, embora a **segregação racial** ainda estivesse presente no dia a dia dos americanos.

Essa época teria sido uma das mais – se não a mais – **liberadoras/libertadoras** para as mulheres, que deixaram de usar espartilhos, cortaram curto os cabelos, passaram a usar batom escuro e, principalmente, com a 19º Emenda à Constituição Americana, começaram a **votar (1920)**. Teria sido a época do início da **emancipação feminina**.

Entre as importantes **mudanças sociopolíticas**, **econômicas** e **culturais** ocorridas nos Estados Unidos (e que se espalharam mundo afora), encontramos:

- o início da agregação, sem tumultos, de consumidores de diferentes raças num mesmo local;
- maior **independência feminina**, com a consequente alteração do modo de se vestir e de se comportar em público, já que as mulheres passaram a socializar dentro de bares bebendo ou dançando;
- o aparecimento de **espaços seguros** para diferentes grupos sociais até então marginalizados (**LGBTQ**);
- o início do que conhecemos como "namorar em público";
- a apreciação da cozinha italiana e a forte presença da máfia.

A BAUHAUS (1919-1933) E O ESTILO INTERNACIONAL PELO MUNDO

Não se pode falar de design sem citar a **Bauhaus**: um assunto interessantíssimo e uma pesquisa e leitura fundamentais para quem gosta de design. Aqui vamos somente relembrar sua importância.

Aconteceu em 1919 a abertura da escola **Bauhaus**, fundada por **Walter Gropius** em **Weimar**, na **Alemanha**. Com método de ensino revolucionário, tratava o processo de aprendizado sob a filosofia do "aprender fazendo" e utilizava materiais industrializados.

A **funcionalidade** das peças era essencial e as formas deveriam ser simples, sem detalhes, para possibilitar a **produção mecanizada** em grande escala abraçada pela escola a partir de 1923.

Em 1933, o nazismo fechou a escola ao considerar em sua produção um design "degenerativo", que perdeu os detalhes. A maioria de seus membros e contribuidores, como, por exemplo, **Marcel Breuer**, **Walter Gropius** e **Mies van der Rohe**, emigraram para os Estados Unidos e, consequentemente, acabaram evitando que o espírito e a contribuição da Bauhaus morressem.

Materiais como **ferro cromado**, **plástico** e **vidro** foram os mais utilizados na produção da **Bauhaus**. Cadeiras e bancos de bar criados por **Marcel Breuer** e **Mies van der Rohe** são peças de design amplamente utilizadas em projetos atuais, pois nunca saem de moda.

Várias peças criadas pela **Bauhaus** caíram em domínio público (pela criação há mais de 50 anos), ou seja, passaram a poder ser copiadas e alteradas sem pagamento de royalties. Assim, podemos encontrar uma quantidade enorme de peças "copiadas" sem o mesmo refinamento de produção, ou ainda algumas ligeiramente alteradas e que são classificadas como **inspiradas** na Bauhaus.

Banco Cesca (1928), banquinho (1930), cadeira Wassily (1925) de Marcel Breuer e cadeira Cantilever Armchair (1926) do designer holandês Mart Stam.

A **Bauhaus** teria sido a inspiradora do **estilo internacional** que surgiu na **arquitetura** e no **design de interiores** durante o período de 1920 e 1930.

Esse novo estilo estava ligado diretamente ao **Modernismo**, que tomava conta dos países, mas, diferentemente deste, **rejeitava detalhes sofisticados** e **cores vibrantes**.

As qualidades visuais do **estilo internacional** seguiram basicamente as linhas retilíneas, com poucos ornamentos, assimetria e uso do branco.

E VEIO A GRANDE MUDANÇA...

A década de 1920 se tornou sinônimo de liberdade ao mesmo tempo que também seria lembrada como a época da **Lei Seca**, ou seja, da **proibição**.

O povo americano bebia muito, o que teria contribuído para o surgimento de um grande problema social relacionado ao consumo excessivo de álcool e à sua consequente proibição, com a Lei Seca.

A partir de 16 de janeiro de 1920, importação, produção, comércio e consumo de bebidas alcoólicas foram proibidos nos Estados Unidos, com o fechamento de bares e tavernas. Nenhuma bebida com índice alcoólico superior a 0,5% poderia ser comercializada.

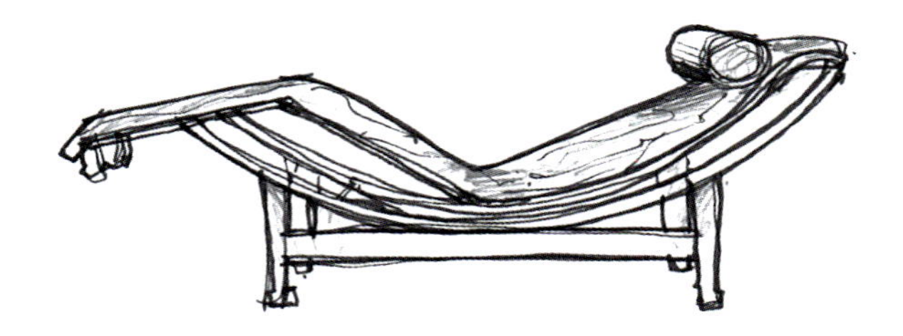

O estilo internacional viu surgir novas peças, entre elas as famosas de **Le Corbusier**, muito utilizadas em bares/restaurantes com atmosfera elegante, sofisticada e mais formal.

SPEAKEASY ("FALAR BAIXINHO") OU BAR ILEGAL

Durante esse período surgiu também um **novo tipo de solução espacial** para o bar: o bar "clandestino", "escondido", que foi chamado de *speakeasy*.

O termo "*speakeasy*", que já vinha sendo utilizado nos Estados Unidos desde 1889 e se referia a bares (*saloons*) que vendiam bebida alcoólica **sem possuir licença**, foi adotado para classificar os **bares ilegais** nos anos do vigor da Lei Seca americana.

A porta de entrada do *speakeasy* **Sneaky Tony's** em Perth, Austrália, é de ferro, com um pequeno visor para a identificação de quem entra.

Outros termos também eram utilizados naquela época, como "*blind pig*" ("porco cego") e "*blind tiger*" ("tigre cego"). O último faz referência a locais onde se podia comprar e consumir bebidas alcoólicas sem que se visse ou se tivesse qualquer contato com quem estava vendendo a bebida.

Alguns locais utilizavam passagens **secretas**, como gavetas, por exemplo, para receber os pedidos e fornecer as bebidas. Literalmente, esses bares estavam **escondidos** atrás de portas que possuíam um olho mágico, ou atrás de portas de negócios que não existiam de fato ou com acesso camuflado dentro de empresas verdadeiras.

O **espaço físico** ocupado pela maioria desses bares era basicamente sem nenhuma janela e com iluminação fraca.

Alguns **bares pequenos**, com certo "ar pesado" pela falta de circulação do ar, eram sujos, com pouca iluminação e ofereciam bebidas de pouca qualidade, muitas vezes diluídas e servidas em recipientes sem nenhum glamour.

Pesquisando sobre esses fascinantes e intrigantes locais, deparei-me com o **Rookwood Speakeasy**, que teria funcionado de 1919 a 1930 e teria sido descoberto por acaso numa reforma, quando uma porta trancada há anos foi aberta.

Pouca iluminação, parede com várias garrafas formando um painel de fundo e decoração nas paredes complementam a atmosfera do **Sneaky Tony's**.

Estavam ainda dentro do bar as barras de madeira esculpidas e originais que eram utilizadas para trancar a segunda porta de acesso, para evitar arrombamento pela polícia, a mesa de bilhar, as mesas de apostas e alguns artefatos da época, da forma como foram deixados quando do fechamento do bar.

Instalado no **subterrâneo**, sob as calçadas da North Main Street e do **Rookwood Hotel** na cidade de Butte, em Montana, Estados Unidos, e com uma área de aproximadamente 7,62 metros de comprimento, o bar ocupou o espaço que teria sido destinado primeiramente ao saguão do elegante hotel/pensão de mesmo nome, de 1912. Restaurado e transformado em museu, foi **fechado** definitivamente por ocasião da pandemia, mas sua história permanece viva.

A (POSSÍVEL) ORIGEM DOS COQUETÉIS

Misturas de bebidas existiam já na Antiguidade, e a "onda" (primeira era dourada) dos coquetéis teria iniciado em 1862, quando foi publicado o primeiro livro que mencionou os bitters, escrito por **Jerry Thomas**, o maior bartender da época. Entretanto, alguns autores consideram o período da **Lei Seca** como o de **origem dos coquetéis** propriamente dita.

> A mistura feita com bebidas de baixa qualidade, às vezes com componentes químicos, diluídas com sucos para disfarçar seu gosto ou simplesmente fazer o destilado render mais, teria originado os famosos **coquetéis**.

Alguns coquetéis icônicos dos anos 1920 são (Keg N Bottle, 2020):

» **Gin Rickey**: do começo do século XX, é o drink oficial de Washington, DC (EUA).

» **Mary Pickford**: coquetel criado em Havana para a "queridinha" do cinema mudo que atuou ao lado de Charlie Chaplin.

» **Bee's Knees**: um dos primeiros coquetéis a utilizar mel de abelhas desde o período colonial americano.

SIDECAR

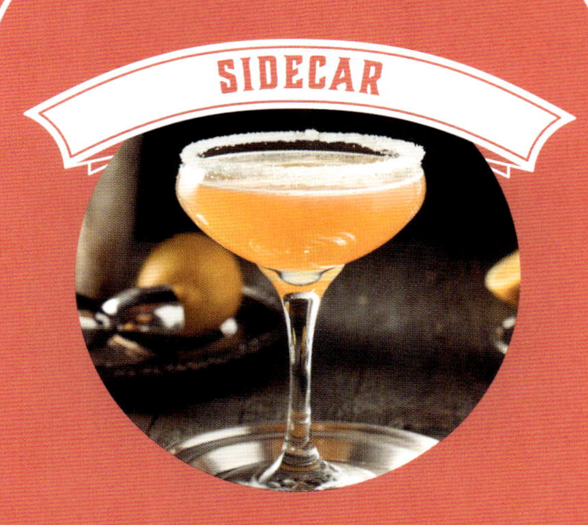

Ingredientes

» 50 ml de cognac ou armagnac

» 15 ml de licor de laranja Cointreau ou Grand Marnier

» 10 ml de suco de lima da pérsia

» Um twist de laranja e crusta de açúcar na taça (para decorar)

» Gelo

Modo de preparo

1. Bata os ingredientes com bastante gelo em uma coqueteleira.
2. Coe duplamente para uma taça Coupe previamente resfriada e com uma crusta de açúcar.
3. Aromatize e decore com um twist de laranja.

SOUTHSIDE
OU SOUTHSIDE FIZZ

(bebida preferida do mafioso e contrabandista Al Capone)

Ingredientes

» 50 ml de gin

» 25 ml de suco de limão

» 10 ml de xarope simples

» 5 folhas de hortelã fresca

» Gelo

» Folhas de hortelã (para decorar)

Modo de preparo

1. Bata todos os ingredientes com gelo.
2. Coe duplamente para uma taça Coupe gelada.
3. Decore com folhas de hortelã.

Outro tipo de *speakeasy* era frequentado por artistas, políticos, escritores, esportistas e **famosos em geral**. Essa versão do bar ocupava **áreas grandes** com **palco**, espaço para dança, **shows** cômicos ou qualquer outra forma de **entretenimento**. Era limpo, caro e, principalmente, possuía várias saídas de emergência para o caso de invasão pela polícia.

Como era de se esperar, esses estabelecimentos que sobreviviam do **contrabando de bebidas alcoólicas** acabaram sendo administrados pelo **crime organizado** (máfia), como os bares de Chicago de Al Capone. Alguns locais pagavam "propina" à polícia para evitar problemas e, se fossem fechados, acabavam reabrindo em um novo local nas proximidades.

O **cinema** também teria sofrido durante a **Lei Seca** com a proibição de cenas em que apareciam ou se consumiam bebidas alcoólicas. Graças a alguns produtores mais "valentes", alguns filmes acabaram registrando os *speakeasies* em pleno funcionamento com uma atmosfera alegre e feliz.

SNEAKY TONY'S

Estávamos na **era do jazz**, que, embora adorado por uns, era odiado por outros. O **jazz** estava ligado a artistas afro-americanos, e infelizmente parte da população ainda associava esse estilo musical a orgias e depravação da época, classificando-o como vulgar.

Alguns autores chamam essa década de "**os loucos anos 20**", pois as noites estavam cheias de festas famosas, as mulheres se vestiam e dançavam com liberdade o **Charleston** e o **Foxtrot** (entre outros tipos de dança), bebidas ilegais eram consumidas, o **gin** enchia as banheiras, e os gângsters dominavam o universo dos *speakeasies*. A trilha sonora que mais se adaptou a essa "loucura" foi o **jazz**.

O **Drosophyla Cocktail Bar** foi instalado numa mansão dos anos 1920, em estilo *Cottage* com influência germânica. Com projeto atribuído a **Adelardo Soares Caiuby**, o casarão, **tombado** pelo patrimônio histórico, foi totalmente restaurado e adaptado ao bar.

No segundo andar, onde antigamente ficavam o dormitório de casal, closet e banheiro, encontram-se um *speakeasy* moderno e a **SPUD** (São Paulo Urban Distillery), a **primeira destilaria urbana de São Paulo**, na qual é produzido o **Jardim Botânico Gin** premiado com seis medalhas de ouro. **Drosophyla Bar** começou sua trajetória há 37 anos em Belo Horizonte e em 2002 abriu suas portas em São Paulo.

O CINEMA CONFIRMA

Essa sociedade em festa foi retratada pelo famoso escritor americano **F. Scott Fitzgerald** (1896-1940) em seus romances, principalmente em *O grande Gatsby* (*The great Gatsby*), de 1925, o mais conhecido e por duas vezes adaptado por Hollywood. Nesse romance, o escritor celebra a **era do jazz** americano, com seus gângsters, corrupção, festas, danças e drinks.

Jay Gatsby é um gângster que enriqueceu graças à **Lei Seca**. Ele foi um entre os muitos contrabandistas que enriqueceram ilicitamente e que gastavam seu dinheiro tão facilmente quanto o haviam ganhado. Entretanto, uma grande parte da população americana teria empobrecido nessa mesma era da prosperidade de alguns.

O filme *O grande Gatsby* teve quatro versões para o cinema (1926, 1974, 2000 e 2013). Segundo críticos, a versão que mais se aproximaria do livro seria a de **Francis Ford Coppola**, com Robert Redford no papel de Jay Gatsby. Já na versão do diretor **Baz Luhrmann**, com Leonardo DiCaprio, a era do jazz teria sido mais bem retratada. Ambos os filmes propõem uma fantástica viagem visual e sonora aos anos 1920, com seus drinks e o charmoso estilo **Art Déco**, que, embora tenha surgido na França em 1910, só chegaria ao restante da Europa e aos Estados Unidos nos anos 1920.

O estilo **Art Déco** teve origem em Paris em **1910**, mas o seu apogeu aconteceu nas décadas de 1920 e 1930. Os anos 1920 foram de felicidade, luxo, elegância e experimentação com novas formas de vestir e dançar. Enquanto **cores** e tons ousados e contrastantes de amarelo forte e brilhante, de vermelho cádmio e de ultramarino, além de preto, prateado e dourado, eram utilizados com frequência, as opções cromáticas para áreas de estar e dormitórios eram em tons de creme e de bege.

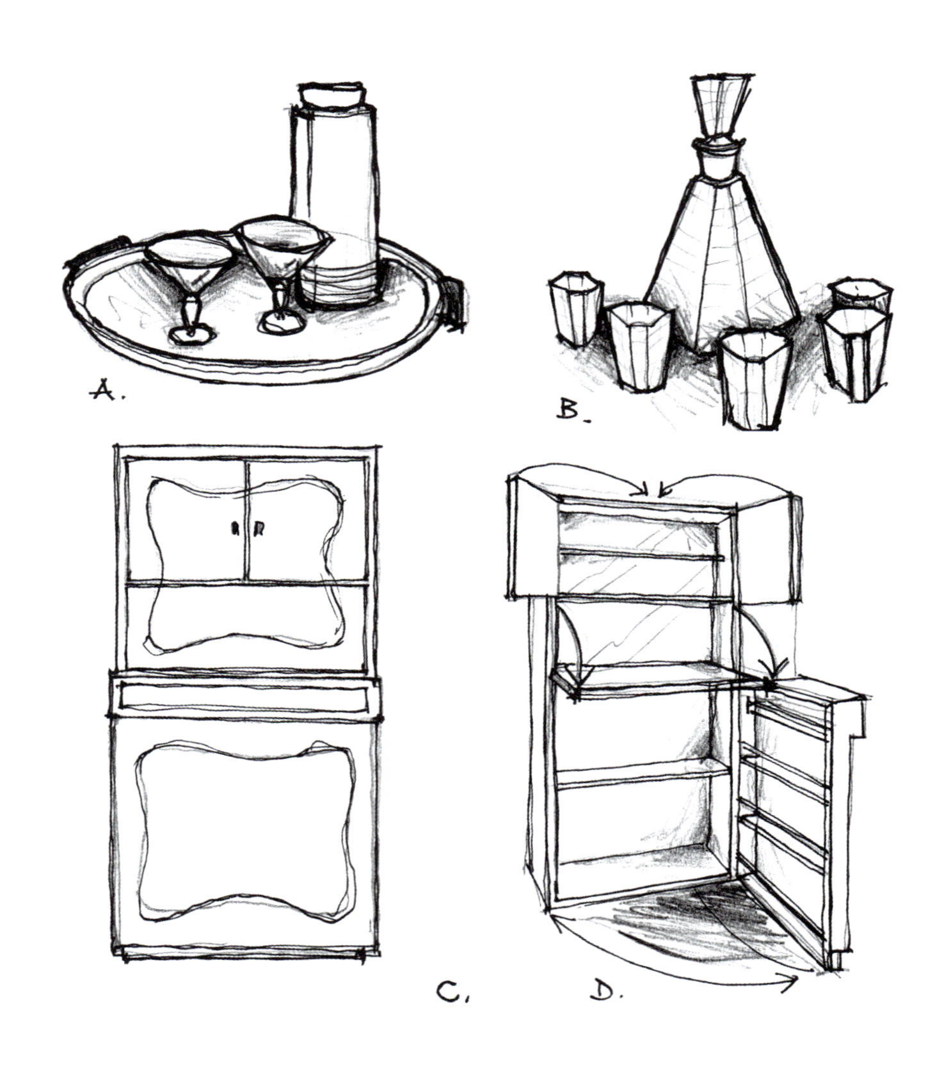

A) Coquetel Shaker; B) conjunto de garrafa e copos; C) e D) armário bar.

O **Deco**, como também é conhecido, com sua simetria, geometria e aerodinâmica muitas vezes simples e agradáveis à vista, acabou influenciando a arquitetura e a **cultura** como um todo.

O COTTON CLUB

Entre os mais importantes e "controversos" exemplos desses intrigantes espaços de divertimento clandestinos, encontramos o célebre **The Cotton Club** em **Nova York**.

Classificado como um dos locais **mais simbólicos da era do jazz**, o bar/nightclub/casa noturna era frequentado em sua maioria por brancos e contava com serviço e entretenimento em sua maioria de negros. Embora pagasse muito bem seus músicos e artistas, a segregação estava mais do que presente nos ambientes do bar/clube.

Instalado em 1923 no **Harlem**, bairro predominantemente afro-americano, o The Cotton Club foi aberto pelo contrabandista de bebidas Owney Madden e seu consórcio de mafiosos, substituindo o cassino **Club Deluxe**, inaugurado em 1920 pelo boxeador afro-americano Jack Johnson.

Johnson foi mantido como gerente, e o espaço interno foi totalmente recriado com um estilo que misturava as plantações do sul do país com as florestas, um estilo racista exposto na referência à escravidão nos Estados Unidos.

No **Cotton Club**, o couvert artístico para assistir a artistas como **Billie Holiday**, **Louis Armstrong** ou **Duke Ellington e sua orquestra** era bastante elevado.

O clube original fechou suas portas, no Harlem, em 1935, quando começaram as manifestações contra a segregação no país, reabrindo na Broadway em 1936, mas sem o mesmo sucesso, e fechando definitivamente em 1940.

Chicago passaria a ser considerada, no final dos anos 1920, a **capital americana do jazz**. O **Cotton Club** teve uma filial na cidade administrada pelo irmão do mafioso Al Capone, que, segundo várias fontes, teria chegado a ter 10 mil *speakeasies* espalhados pela cidade.

Hoje encontramos as casas noturnas Cotton Club em diferentes países e totalmente adaptadas às condições culturais e sociais da atualidade, nada como a original.

Em contraste com esse *speakeasy* totalmente segregador do Harlem, foi aberta em 1924, em San Diego, **Califórnia**, a casa noturna **Creole Palace** dentro do Hotel Douglas.

A versão "oeste" do **Cotton Club** visava atender primeiramente (mas não somente) a população afro-americana, exibindo artistas famosos como seu modelo nova-iorquino, mas com o diferencial de dançarinas de pele clara e escura numa sociedade ainda totalmente dividida.

O CINEMA CONFIRMA

O filme americano *The Cotton Club*, dirigido por **Francis Ford Coppola**, foi baseado no livro de mesmo nome publicado em 1977 por **James Haskins**. Com Richard Gere, Nicolas Cage, Gregory Hines e Diane Lane, este filme é uma incrível viagem à era do jazz, ao controvertido clube e à vida nos loucos anos 1920.

Enquanto no mundo todo se ouvia jazz, no **Brasil** era a vez do **samba original**. Nossa alma nascia na **Bahia** e era levada para a Praça 11 de Junho, no **Rio de Janeiro**. Nas rádios, o samba cantava nosso cotidiano nas vozes de grandes nomes como **Noel Rosa** e **Lamartine Babo**.

OS ANOS 1930

Os anos finais e pós-**Lei Seca** coincidem com o período da **Grande Depressão americana**, que começou em 1929 com a **queda da bolsa** de Nova York, em Wall Street, causando a maior recessão que o mundo já havia presenciado, com falta de emprego e fome nos Estados Unidos.

Essa década foi marcada por problemas e incertezas mundiais. O Brasil já importava o **bitter Underberg** havia 50 anos quando, em 1932, Dr. Paul Underberg (neto de Hubert Underberg, fundador da H. Underberg-Albrecht na Alemanha) veio ao país para pesquisar novas ervas e acabou migrando para cá.

Diferentes **ervas amazônicas** foram adicionadas à receita alemã original do bitter, nascendo assim uma **versão brasileira** que começou a ser produzida no Rio de Janeiro e acabou se tornando famosa entre a elite carioca e o mundo dos artistas.

A nova versão ganhou o nome de **Brasilberg**, popularizando-se também no exterior.

O nome deste coquetel foi criado em homenagem ao encontro das águas do Rio Negro com as do Rio Solimões, que formam o Rio Amazonas (Brasilberg, [*s. d.*]; Mota, 2017).

Ingredientes

- 120 ml (aproximadamente) de água tônica
- 40 ml de Brasilberg
- Gelo
- Ramo de hortelã ou manjericão (para decorar)

Modo de preparo

1. Coloque gelo em um copo Long Drink e água tônica até um pouco mais da metade.
2. Despeje 40 ml de Brasilberg lentamente com o auxílio da colher bailarina, tomando cuidado para não misturar.
3. Decore com um ramo de hortelã ou manjericão.
4. Sirva com um mexedor para misturar os ingredientes no momento do consumo.

O CARRINHO DE BAR/COQUETEL E O ARMÁRIO BAR: A TRANSFORMAÇÃO DOS BARES DENTRO DE CASA

O **carrinho de chá** foi um importante móvel do século XIX.

Durante o **período vitoriano** (1837-1901), surgiu uma nova classe social que enriquecera com a Revolução Industrial (1760-1840). O famoso chá da tarde inglês passou a ser servido por trabalhadores domésticos e utilizando a **nova** e **versátil** peça de mobiliário. A moda acabou se espalhando da classe alta para a classe média inglesa, tornando muito popular o novo móvel.

Foi nos anos **1930**, quando não era mais possível beber em bares (Lei Seca), que a peça de **mobiliário inglês** se transformou, adquirindo a nova e importante função de organizar em casa um pequeno bar com rodas para servir família e amigos.

Os **carrinhos de bar/coquetel** passaram a ser um **símbolo de riqueza**, não somente na Inglaterra, mas principalmente na vida da elite americana em Hollywood e Nova York.

Teria sido, entretanto, na época da Lei Seca (1920-1933) que os carrinhos de chá se transformaram em carrinhos de bar, passando a fazer parte da vida das pessoas.

Na mesma época e pela mesma razão, muitas pessoas começaram a **fazer bebidas** em casa e, embora a qualidade fosse ruim, precisavam de um local para estocar garrafas de bebidas.

O chamado **armário de coquetel** (ou **armário bar**), criado no início dos anos **1900**, foi outra **peça de mobiliário** que também ficou famosa, sendo considerada uma solução bastante popular.

No início, as peças do **armário bar** eram encontradas em versões para pendurar na **parede** ou como **peças avulsas**. Com o passar do tempo, tornaram-se mais complexas, com refrigeração, *racks* para garrafas e compartimentos escondidos.

Nos anos **1950** e **1960**, as peças evoluíram para os nossos **bares com bancos**, como veremos mais adiante.

Algumas peças de mobiliário, elementos decorativos ou mesmo arquitetônicos podem, em diferentes épocas e culturas, ser considerados símbolos de poder ou riqueza. Um exemplo famoso são as **bibliotecas construídas dentro das casas** durante a Era Vitoriana. Símbolos de status para as famílias em ascensão social, possuíam livros que ninguém teria chegado a ler, já que o importante era somente exibi-los nas prateleiras.

A Segunda Guerra Mundial veio e fez o mundo inteiro sofrer economicamente. Como consequência, os **carrinhos de bar/coquetel** acabaram distantes da população consumidora americana, mas sobreviveriam como **carrinhos de chá** na sociedade inglesa onde haviam nascido e que era parte integrante da cultura do chá.

Com o final da guerra e o retorno da prosperidade à vida das pessoas, a socialização e os coquetéis tomaram novo impulso, e o **carrinho de bar/coquetel** voltou à moda com todo o vapor, já que o mundo estava pronto para se divertir outra vez.

Em 1933, a 21ª Emenda permitiu que se legalizasse novamente a venda de bebidas alcoólicas em bares americanos, pondo fim à Lei Seca e à necessidade de bares escondidos.

A PARTIR DE 1933: O ESTILO TIKI E SUA PARTICULAR PERCEPÇÃO DE PARAÍSO

Tema principal de novelistas no final do século XIX, as viagens e aventuras vividas na **Polinésia Francesa** encantavam leitores ao transportá-los a **incríveis paraísos imaginários**.

O grande sucesso desses livros acabou levando à criação de um **novo gênero literário** que se dedicaria somente a estórias relacionadas a essa parte do mundo. Em **1927**, foi produzido o **primeiro filme** mudo rodado no Taiti, que expressava o amor dos americanos pela **atmosfera paradisíaca** das ilhas no sul do Oceano Pacífico. *White shadows in the south seas* (no Brasil, *Deus Branco*) foi dirigido por W.S. Van Dyke.

Anos mais tarde, o "amor" continuava, e inúmeros filmes foram produzidos, agora em Hollywood, Califórnia, em estúdios que recriavam com enorme precisão a atmosfera das **paradisíacas** ilhas do Pacífico Sul e principalmente da **Polinésia Francesa**.

A nova influência que dominava a população americana com suas palmeiras, bananeiras, bambus, cascatas, rios, etc. acabou se transformando no que chamamos de *pop culture*, **cultura pop** ou ainda **cultura popular**.

O estilo **Tiki** teria influenciado a **moda**, a **música**, a **arquitetura**, a **alimentação** e, como veremos a seguir, o mundo dos **bares** e **coquetéis**. Alguns autores estabelecem essa época como a "era do imaginismo".

Tiki é um símbolo da Polinésia celebrado como "Deus da recreação", que acabou se transformando num **ícone** da cultura pop(ular) americana.

Copos/canecas com a **imagem** de Tiki (**Deus da recreação**) estão entre os componentes indispensáveis dos bares Tikis.

Ernest Raymond Gantt (1907-1989) foi um veterano americano que na juventude passou alguns anos no Caribe e nas ilhas do sul do Pacífico. Trabalhou como barman em Hollywood, teria sido um contrabandista de bebidas na época da Lei Seca e acabou sendo o **fundador** do estilo **Tiki** ao inaugurar um bar, com apenas 25 lugares, onde eram servidos esses novos **tipos exóticos de coquetéis** à base de **rum**, **xaropes aromatizados** e **sucos de frutas** criados e preparados por ele e combinados com uma cozinha cantonesa, havaiana e polinésia.

Ernest Gantt, que mudou seu nome para **Donn Beach**, criou um ambiente paradisíaco, um oásis tropical, um **refúgio imaginário**, um estilo com **palmeiras**, **bambus**, **móveis de rattan**, **tochas de fogo**, **tapetes de palha**, **objetos** que havia adquirido em suas viagens na juventude pelas ilhas do Pacífico e **tecidos** vivos e estampados. Esse foi o início, a definição do que seria classificado mais tarde como **estilo Tiki**.

Compõem o **estilo Tiki** detalhes como **palha**, **bambu**, **flores**, **água**, **vegetação** e tudo o que lembra o "**paraíso polinésio**".

Com receitas escritas em **código**, Donn Beach evitou que suas criações de misturas utilizando doces e temperos fossem copiadas e difundidas, mantendo-as em segredo.

Em 1937, o bar se mudou para o outro lado da rua, tornando-se também restaurante. Foi criada no novo endereço a marca **Don the Beachcomber**, espalhada em 16 locais pelo país, que na época sobrevivia à Grande Depressão e vivia o pós-guerra. O bar/restaurante original foi fechado definitivamente em 1985, mas o estilo continuou a ser apreciado pelos americanos.

Portanto, Donn Beach estabeleceu um novo estilo de bar, os **Tiki bars**, ideais para escapar e se divertir.

O **estilo** e a **atmosfera** do bar de Donn fizeram sucesso e foram recriados por seus competidores, que buscavam, com a mesma **temática imaginária e paradisíaca** da Polinésia, encher seus restaurantes e bares. Entretanto, com as receitas de Donn trancadas à chave, eles tiveram que imaginar o que e como eram misturados os **famosos coquetéis** adornados com flores.

O CINEMA CONFIRMA

O cinema nos anos 1950 conheceu o formato **cinerama**, que era uma projeção que utilizava uma gigantesca tela widescreen circular. Esse formato necessitava de três projetores diferentes para criar a projeção final. Atualmente, é muito raro encontrar salas de cinema que ainda o utilizem, o que torna difícil assistir aos filmes da época nas dimensões originais.

Aventura nos mares do sul (*South seas adventure*), de 1958, é um filme composto por cinco estórias fictícias, narrado pelo diretor, ator e uma das vozes mais reconhecidas do cinema americano Orson Welles (1915-1985). As estórias transportam o público ao universo **Tiki**, numa fantástica viagem imaginária às ilhas do Pacífico com suas paisagens, símbolos, costumes e todos os requisitos de um mundo paradisíaco. Em uma das cenas, o bar **Don the Beachcomber** é mostrado em toda a sua glória.

O DESENVOLVIMENTO DO ESTILO TIKI

Sven Kirsten nasceu na Alemanha em 1955 e, a partir de 1980, decidiu abrir seus horizontes mudando-se para a Califórnia. Estudou direção de fotografia e começou a trabalhar com filmagem de vídeos e filmes ao mesmo tempo que desenvolveu sua pesquisa e arqueologia urbana. Após oito anos coletando o que teria **sobrevivido** da cultura **Tiki** nos Estados Unidos, escreveu o livro *The book of Tiki* (2000), considerado uma completa viagem ao mundo **Tiki**.

Com a publicação de seu primeiro livro, Sven Kirsten acabou trazendo novamente à tona o nome de **Donn Beach** e sua contribuição ao universo dos bares e drinks que representam o **Tiki**.

Sven divide a era **Tiki** em **três momentos**:

» A época do **Don the Beachcomber** (1930-1940), com o **estilo Beachcomber**, e os tempos do **Trader Vic** (1940-1950), com o **estilo Trader**, fazem parte do período pré-Tiki.

» Um **estilo** chamado **Luau** (1950-1960), que surgiu graças à forte influência do **Havaí** e sua cultura paradisíaca na vida dos americanos. Nessa época, imagens de Tikis estavam por toda parte, e o estilo se fortalecia.

» O **estilo Tiki** propriamente dito, que teria realmente dominado dos anos 1960 até 1970.

Bob e Jack Thornton visitaram, enquanto crianças, o **Don the Beachcomber** em Chicago e carregaram o sonho de ter um local com a mesma atmosfera do Don até 1956, quando inauguraram o **Mai-Kai**, em Ft. Lauderdale, Flórida, nos Estados Unidos. Bar e restaurante, é um dos exemplos mais conhecidos e extravagantes do que seria realmente o **estilo Tiki** aplicado no **design de interiores**.

O bar/restaurante ficou tão famoso que acabou aumentando seu espaço interno para oito **salas** de jantar, um **bar**, **jardins tropicais** com **trilhas** e **cachoeiras**, um **palco** para shows e uma **loja**.

Nenhum local nos Estados Unidos teria vendido tanto **rum** como o **Mai-Kai** nos seus anos dourados. Infelizmente fechado em 2020 após um temporal na Flórida, deverá ser reaberto com o mesmo grau de fidelidade ao **estilo** e aos **shows** com dançarinas da Polinésia que fizeram o bar tão famoso.

Faça um tour 360º e conheça
o estilo Tiki nos links:

https://www.maikai.com

https://bit.ly/3Ka67hK

Esse famoso e adorado estilo sobreviveu até o momento em que a consciência americana começou a associar o colonialismo às barbáries que envolveram esse período. Era o começo do declínio do "paraíso imaginário".

Sven Kirsten foi escolhido como mentor Tiki para um *branding* e-book, *Tiki lovers' booklet*, disponível grátis on-line (https://www.tiki-lovers.com/wp-content/uploads/2020/03/Tiki-Lovers_Book.pdf). O interessante livreto também conta com a participação de Anthony Carpenter, Michael Uhlenkott, Tanja Hirschfeld e Rudi Skukalek, e descreve a marca e o estilo que adotaram, além de fornecer inúmeras receitas de coquetéis Tiki. (Veja a receita do coquetel Mai Tai na página 51).

Estamos vivendo uma nova onda, um renascimento dos drinks e coquetéis à base de rum. Dos tradicionais Tikis às novas receitas, o amor pelo paraíso imaginário parece não perder seu fascínio.

Em 2012, **Stephan Berg** (marinheiro que viajou pelos trópicos aprendendo tudo o que sabe sobre rum) e **Alexander Hauck** (bartender, designer e apaixonado por **Tiki**) criaram na Alemanha os rums **Tiki Lovers** produzidos pela **The Bitter Truth GmbH**.

ZOMBIE

Criado em 1934 por
Donn Beach (Berry, 2021).

Assim diz a lenda
Donn teria preparado este coquetel para um freguês que precisava se recuperar de uma ressaca para ir a uma reunião de trabalho. Entretanto, o alto grau alcoólico do coquetel teria sido camuflado por um gosto "aveludado", e no dia seguinte o freguês teria retornado e reclamado que o drink o havia transformado num *zombie*!

Ingredientes (receita original)

» 30 ml de rum branco
» 30 ml de rum ouro
» 30 ml de rum 151
» 15 ml de xarope de açúcar
» 15 ml de licor de laranja Triple Sec
» 30 ml de suco de limão fresco
» 30 ml de suco de abacaxi
» 1 dash de Grenadine
» 1 dash de bitter Angostura
» 7,5 ml de absinto

Ingredientes (nova versão)

» 30 ml de rum branco
» 20 ml de rum ouro
» 15 ml de Triple Sec
» 30 ml de suco de laranja
» 15 ml de suco de limão
» 15 ml de xarope simples
» 5 ml de Grenadine
» Fatia de limão e cereja (para decorar)

Modo de preparo

1. Adicione todos os ingredientes em uma coqueteleira com gelo.
2. Agite bem até que a coqueteleira fique gelada e embaçada.
3. Coe o coquetel em um copo Zombie (alto) cheio de gelo picado.
4. Decore com uma fatia de limão e uma cereja.

VIERAM OS ANOS 1940, 1950 E 1960...

A década de 1940 foi marcada pela **Segunda Guerra Mundial**, que prejudicou imensamente países da Europa, da Ásia e os Estados Unidos, além de afetar o resto do mundo.

As **artes** estavam em crise, estagnadas; muitas obras de arte foram roubadas e escondidas pelos nazistas, e a **moda** se voltava para um estilo com "cara de soldado" e rígido. O mundo estava triste e inseguro.

Toots Shor's Restaurant teria ficado conhecido como o primeiro sport bar, não porque ali podiam ser acompanhadas partidas de *baseball*, mas porque reunia aqueles que **participavam** dos jogos, **jornalistas** e outras pessoas ligadas ao **mundo esportivo**.

O PRIMEIRO SPORT BAR

Em **1940**, o restaurante de Bernard "**Toots**" **Shor**, na 51 West com a 51st Street, em Nova York, esteve entre os mais "badalados" da cidade. Frequentado por personagens famosos do **mundo dos esportes**, também estava sempre repleto de artistas e atores de Hollywood, ou seja, era o local para famosos em geral.

Entre as **peculiaridades** do local estava o fato de as mulheres não serem muito bem-vindas, e, de preferência, as esposas e companheiras deveriam evitar frequentá-lo. Entrevistas, fotos ou autógrafos não eram permitidos sem a autorização de **Shor**; jornalistas e famosos deveriam estar juntos, sem nenhum tipo de invasão à privacidade.

Shor possuiu três restaurantes com o mesmo nome, sendo que o primeiro foi vendido em 1959. O segundo, aberto em 1960, foi fechado em 1971 por falta de pagamento de impostos ao governo americano. Já o terceiro nunca teve o sucesso do primeiro bar. Quando faleceu, **Shor** já havia perdido tudo o que conquistou nos anos de glamour.

O CINEMA CONFIRMA

Toots, um filme documentário de 2006 dirigido por **Kristi Jacobson**, é um excelente modo de visualizar o **estilo dos anos 1940** e compreender a importância de **Bernard "Toots" Shor** na noite nova-iorquina e no mundo dos drinks e esportes.

No clássico de 1957, *A embriaguez do sucesso* (*Sweet smell of success*), do diretor **Alexander Mackendrick**, podem ser vistas cenas **dentro** do famoso **Toots Shor's Restaurant**. Classificado como filme noir sem gângsters ou tiros, conta com as interpretações de **Tony Curtis** e **Burt Lancaster** nos papéis de repórter e influenciador político e social. No filme, revemos o mundo sem escrúpulos vivido por dois personagens na busca de informação e poder.

E A COCA-COLA SE MISTUROU À CACHAÇA...

Embora tenha sido criada no século XIX, a **Coca-Cola** só chegaria ao Brasil em **1942**. Durante a Segunda Guerra Mundial, não ficamos neutros. Participamos, junto com os americanos, da guerra contra a Alemanha.

Teria sido bem aí, entre **1944** e **1945**, no encontro entre a Força Expedicionária Brasileira (FEB) e o exército americano, na Europa, que teria surgido o drink **Samba em Berlim**, a mistura da **cachaça** brasileira à **Coca-Cola**, que era bebida quente e em massa pelos soldados americanos.

SAMBA EM BERLIM

Ingredientes

- 60 ml de cachaça prata
- 1 Coca-Cola
- 1 limão
- Gelo

Modo de preparo

1. Num copo Long Drink, adicione 3 fatias de limão e gelo, e 60 ml de cachaça prata.
2. Complete com Coca-Cola.
3. Enfeite com uma fatia de limão e um mexedor.

Décadas mais tarde, nos anos **1960**, a bebida passou a ser consumida em barzinhos próximos às universidades e a ser chamada de **Samba**, numa versão muito próxima da **Cuba Libre**.

A BOSSA NOVA

Em **1958**, sob a liderança de **João Gilberto**, vimos surgir no **Rio de Janeiro** a **bossa nova**. O novo gênero de música foi fortemente **influenciado** pelo samba e pelo jazz e ajudou a elevar o conceito da música brasileira no exterior.

João Gilberto, **Tom Jobim**, **Newton Mendonça**, **Carlos Lyra**, **Vinicius de Moraes** e **Nara Leão** criaram o novo ritmo, que **simplificava** o estilo de música que se ouvia na época com fundo de orquestras e arranjos complicados.

A **Casa Villarino** foi um bar fundado em **1953** no **Rio de Janeiro** que se tornou ponto de encontro de artistas e intelectuais. Foi nesse local que surgiu a **bossa nova** e **Tom Jobim** conheceu **Vinicius de Moraes**, que por sua vez declarava que **sua garrafa de whisky era seu cachorro engarrafado** (seu melhor amigo).

Fechada na época da pandemia da covid-19, a **Casa Villarino** mantinha ainda a atmosfera amiga dos grandes encontros num ambiente **simples**, **aconchegante** e **inspirador**.

Bares e restaurantes que marcaram época no **Rio de Janeiro** podem ser visitados hoje com guias turísticos, que contam detalhes daquele tempo mágico para a música brasileira.

A ASCENSÃO DE NOVA YORK

Teria sido principalmente nos anos **1950** que a Europa, em reconstrução pós-guerra, teve sua economia superada pela americana.

Nova York passou a ser a **capital do mundo**, líder na moda, nas artes, na tecnologia, nos negócios, etc. A cidade era "*cool*", com glamour, **cheia de estilo**, de vida, e passou a ser reproduzida nos filmes de Hollywood e em livros escritos por famosos romancistas.

O **carrinho de bar/coquetel**, que já citamos, teve seu auge em meados de 1950, quando passou a estar presente não somente em **residências**, mas também em **restaurantes** e **escritórios**. Além de ter sido uma peça bastante simbólica, era também uma forma mais barata de consumir coquetéis num mundo ainda em recuperação socioeconômica.

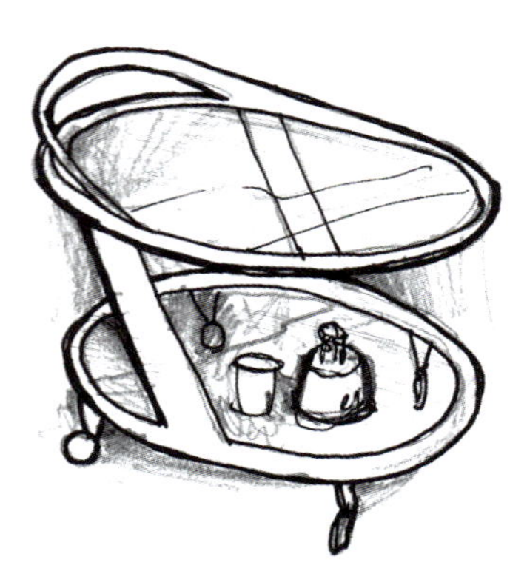

A versatilidade do carrinho de bar/coquetel tornou possível levar um drink até as pessoas sem que elas fossem interrompidas em suas tarefas, e sem que precisassem ir a algum lugar para consumir uma bebida alcoólica.

Foi também nas décadas de **1950** e **1960** que os carrinhos de bar/coquetel passaram a fazer parte da vida da **classe alta e média** americana. Sua popularidade se espalhou pelo mundo por meio de filmes e programas de TV que mostravam cenas que incluíam essa peça de mobiliário como **símbolo de glamour** e **sofisticação**.

Já os grandes *built-in bars*, ou seja, os bares construídos como parte integrante da construção, da arquitetura de interiores, com pias e alguns com geladeiras, apareceram em **1950** somente nas **grandes residências** que passaram a ser construídas nos subúrbios americanos.

A SÉRIE CONFIRMA

O **carrinho de bar/coquetel** e o **armário bar** podem ser considerados sinônimos dessa era (1950-1960), como ficou evidente na famosa série *Mad men*, que ajudou a popularizar mais uma vez drinks e coquetéis e levou a certo modismo vintage. Nessa época, bebia-se em todos os lugares, e beber no escritório acabou sendo inevitável, o que hoje é considerado totalmente inapropriado pelas empresas.

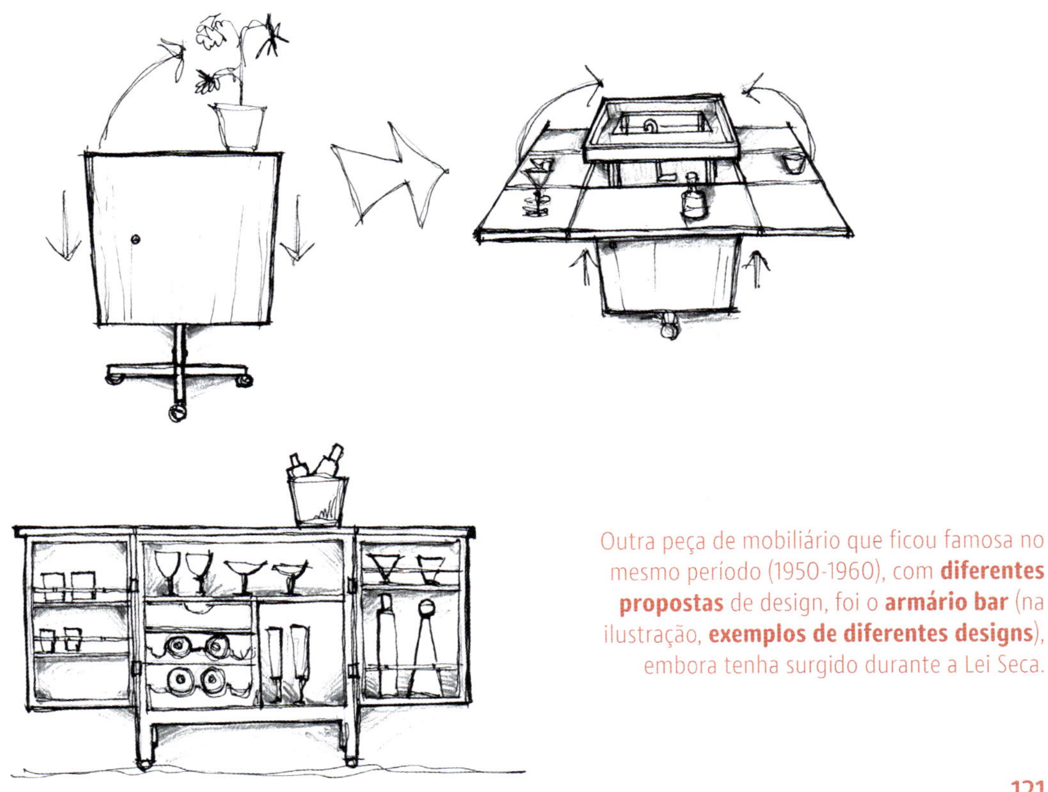

Outra peça de mobiliário que ficou famosa no mesmo período (1950-1960), com **diferentes propostas** de design, foi o **armário bar** (na ilustração, **exemplos de diferentes designs**), embora tenha surgido durante a Lei Seca.

Entre 1950 e 1975, os **bares com banquinhos** teriam invadido as residências, sendo encontrados em diferentes estilos e acabamentos.

Infelizmente essa era de glamour em Nova York iria ter fim nas últimas décadas de 1960, após o assassinato de Kennedy, a Guerra do Vietnã e a Revolução Cultural dos anos 1960 e 1970.

ENQUANTO ISSO...

Em 1937, durante a era do fascismo na Itália, foi inaugurado por Benito Mussolini o estúdio cinematográfico **Cinecittà**, em **Roma**, para revitalizar o cinema italiano. Naquela época, a cidade estava cheia de soldados e de vida, mas, infelizmente, tudo mudaria com a Segunda Guerra Mundial e o bombardeamento de Roma. O estúdio acabou sendo utilizado como campo de refugiados até o final da guerra.

Com a reconstrução do **Cinecittà** nos anos **1950**, o estúdio passou a ser considerado uma **Hollywood no Rio Tiber**. Ali foram rodados vários filmes clássicos italianos e internacionais, como *Ben-Hur* (1959), de William Wyler, e *Romeu e Julieta* (1968), de Franco Zeffirelli.

O CINEMA CONFIRMA

A doce vida (*La dolce vita*), de 1960, dirigido por Federico Fellini e filmado no Cinecittà, mostra o dia a dia dos novos ricos (pós-guerra) da classe alta italiana e o glamour da vida de estrelas do cinema. É uma viagem ao **charme** e ao **refinamento** do **estilo** dos anos 1950, que vem sendo bastante utilizado em diferentes locais comerciais e reutilizado como "vintage" no design de interiores.

O filme fez sucesso e o termo "*dolce vita*" passaria a ser utilizado para representar um **estilo de vida** bem particular, ou seja, cheio de prazer, beleza, música, comidas e drinks. O filme também imortalizaria seus atores **Marcello Mastroianni** e **Anita Ekberg**, além de tornar famosa a **Via Veneto** no centro de Roma, onde, por coincidência, estavam instalados o escritório do Cinecittà e, nas proximidades, a Embaixada Americana.

MARCELLO, COME HERE!

Criado pelo bartender **Carmelo Buda**, em Catânia, Itália, o drink foi inspirado no icônico filme *A doce vida* (Valeriani, 2020).

Ingredientes

- 40 ml de gin italiano VII Hills Seco
- 35 ml de cordial de tangerina clarificada
- 25 ml de solução cítrica Verdello
- 1 colher de bar de Chartreuse
- Cascas de tangerina secas (para decorar)
- Gelo

Modo de preparo

1. Despeje os ingredientes em uma coqueteleira.
2. Agite por 20 segundos e despeje em um copo Old Fashion previamente decorado com uma borda de cascas de tangerina secas.
3. Adicione um cubo de gelo e sirva.

A **Via Veneto**, com um movimento constante de pessoas, estrelas do cinema e principalmente o **Hotel Westin Excelsior Roma**, com seu famoso bartender **Giovanni Raimondo**, teria se tornado o local para visitar, "ser visto" e "experimentar" o requinte de um coquetel. Surgia, nessa época, a **cultura do coquetel** na Itália.

Giovanni Raimondo foi quem teria preparado pela primeira vez o **coquetel Cardinale** para Schumann, um alemão que apreciava muito o vinho **Riesling della Mosella** e que teria pedido ao barman para preparar a mistura. O **coquetel** ficou famoso por todo o mundo.

Segundo alguns autores, o coquetel teria sido criado em Veneza, na região do Vêneto, na Itália, e não na região de Roma (Lácio). Para alguns, o coquetel seria uma versão do coquetel **Negroni**. Entretanto, a primeira versão parece tornar a importância da *dolce vita* italiana ainda mais hollywoodiana.

A receita original, dos anos 1950, do **coquetel Cardinale** é baseada em proporções, e não em medidas exatas.

Ingredientes

- 1/3 de gin
- 1/3 de vinho Riesling della Mosella
- 1/3 de campari bitter
- Raspas de limão, canela e cravo (para decorar)

Modo de preparo

1. Adicione todos os ingredientes num copo de mistura.
2. Passe para um copo de Martini.
3. Adicione raspas de limão, canela e cravo.

Anos mais tarde, o barman sugeriu substituir o **vinho** por **vermute seco**. Essa nova versão da receita passou então a ser adotada.

BAR BASSO E O MUNDO DO DESIGN

Milão, na Itália, é conhecida como a capital do design. O **Bar Basso** foi fundado na cidade em **1947** e ficou famoso nos anos **1950**. Seu design de interiores não mudou desde então, continuando no seu clássico estilo.

Teria sido nessa época que o drink **Negroni Sbagliato** (Negroni errado) foi criado no bar, quando o então proprietário **Mirko Stocchetto**, ao preparar um clássico **Negroni**, acabou substituindo, por engano, uma garrafa de gin por uma de **Sparkling Wine**. A bebida ficou mais leve e famosa entre os clientes, e com o tempo, via on-line, a receita passou a ser conhecida por toda parte. Nos anos **1960**, Mirko criou o **Bar Basso Negroni Sbagliato Goblet**, ou **Bicchierone del Bar Basso**, que acabou sendo classificado como ícone do design. (Veja a receita do Negroni Sbagliato na página 46).

Foi durante os anos **1970** que o bar começou a se conectar com a **Milão do design** e com seus designers famosos, como **Maurizio Gucci**, que passou a frequentar o espaço.

A conexão entre o **Bar Basso** e a **feira de Milão (Salão do Móvel de Milão)** aconteceu de fato durante os anos **1990**. Figuras importantes do mundo do design adotaram o bar como ponto de referência para encontros pós-feira.

Uma festa idealizada pelo designer **James Irvine**, que supostamente deveria reunir cem convidados durante o **Salão do Móvel de Milão de 1999**, acabou recebendo mil pessoas, o que definitivamente estabeleceu o bar como ponto de referência durante o Salão e como ponto de encontro de arquitetos e designers durante a semana.

O **Bar Basso** ficou conhecido como um local onde as pessoas devem deixar os seus títulos na calçada antes de entrar, pois lá todos são tratados de forma igual, independentemente de sua fama ou nome.

A ERA DO THE RAT PACK E A VIDA NOTURNA AMERICANA

O **500 Club**, em Atlantic City, Estados Unidos, administrado pelo **gângster** Paul "Skinny" D'Amato, é considerado por vários autores como um dos locais mais **badalados** da costa leste americana, se não o **melhor salão de coquetéis dos anos 1950**.

Com **bar**, **palco** e shows com **música ao vivo**, o clube teria funcionado, sob a direção de Skinny, no período dos anos 1940 a 1960 até ser destruído por um incêndio em 1973. Lá todos eram **elegantes**: o barman, as moças que vendiam cigarros, as que serviam os coquetéis, todos que trabalhavam ali e todos que frequentavam o local. A beleza, dizem, estava por toda parte.

Embora envolto em **glamour** e **beleza**, o **500 Club** teve um lado "escuro", regado a muito **whisky**, ligado à **extorsão**, ao **jogo ilegal** e a toda a criminalidade envolvida nesse tipo de esfera social.

Estávamos na era **pré-cassinos** de Atlantic City, e o **500 Club** dispunha de uma elegante e ilegal sala de jogos com dados e *blackjack*. Localizada nos

Maybe Sammy, inaugurado em 2019 em Sydney, Austrália, é um **cocktail bar** premiado que recebeu seu nome em homenagem a **Sammy Davis Junior**, membro do **The Rat Pack**. O serviço é feito por **elegantes e agradáveis garçons/ bartenders** (como acontecia no **500 Club**), e o local tem a atmosfera de um clássico **bar de hotel nova-iorquino ou londrino**, com música de fundo, opção de **mini** coquetéis e design agradavelmente anos 1950.

fundos, a sala era destinada a grandes apostadores, que jogavam com total segurança. Era frequentada por famosos como **Nat King Cole**, **Elizabeth Taylor**, **Jerry Lewis**, entre muitos outros.

The Rat Pack (traduzido como "coletivo de ratos") é uma denominação cuja origem inclui diferentes versões. Esse nome foi dado ao grupo de amigos, todos artistas classe A do *show business* americano, que reinou e dominou os **palcos** de Las Vegas, em Nevada, Estados Unidos, onde o jogo já havia sido liberado desde 1931.

"Skinny" nunca fez parte do grupo, mas teria sido **peça importante** em sua formação. O grupo teve diferentes configurações, sendo a mais conhecida a de **Frank Sinatra**, **Dean Martin**, **Sammy Davis Junior**, **Peter Lawford** e **Joye Bishop**, artistas que dominavam também o cenário de **Hollywood**.

Quando em Atlantic City, os componentes do **The Rat Pack** eram presença constante no **500 Club**, seja frequentando ou se apresentando no famoso palco.

SURGE UM NOVO ÍCONE COM DESIGN NO ESTILO INTERNACIONAL

Em **1959**, foi inaugurado em Nova York o **The Four Seasons Restaurant**, criado dentro do icônico **Edifício Seagram** projetado pelo arquiteto **Ludwig Mies van der Rohe**, que utilizou **peças fiéis** à filosofia da **Bauhaus**, no conhecido **estilo internacional** (*international style*). (Veja a página 95).

O projeto de design de interiores **absolutamente notável** foi uma parceria entre **Philip Johnson** e **Mies van der Rohe** e contou com peças de mobiliário criadas pela **Bauhaus**, como a cadeira **Flat Bar Brno** (1930), e peças criadas **exclusivamente** para o projeto, como o **banco de bar Four Seasons**, desenvolvido pela dupla de designers e que seguiu a linha das cadeiras de Mies (forma simples, cromado, couro, etc.), distribuídas por todo o restaurante. Reformado em 2017, acabou fechando na época da pandemia da covid-19 em 2020.

A empresa **Knoll**, conhecida mundialmente por suas peças de design fiéis ao conceito da escola **Bauhaus** e que detém os direitos de reprodução das peças criadas por Mies, forneceu a maioria dos móveis.

Entre as peças criadas especialmente para o icônico restaurante **The Four Seasons**, estão exemplos de design muito significativos, como a **cadeira PP-501** (conhecida como **The Chair**) do designer dinamarquês **Hans Wegner**, que colocou o design dinamarquês **no centro** do mundo do design; a famosa cadeira **Tulip** de **Eero Saarinen**; e o **banco de bar** de **Mies van der Rohe**.

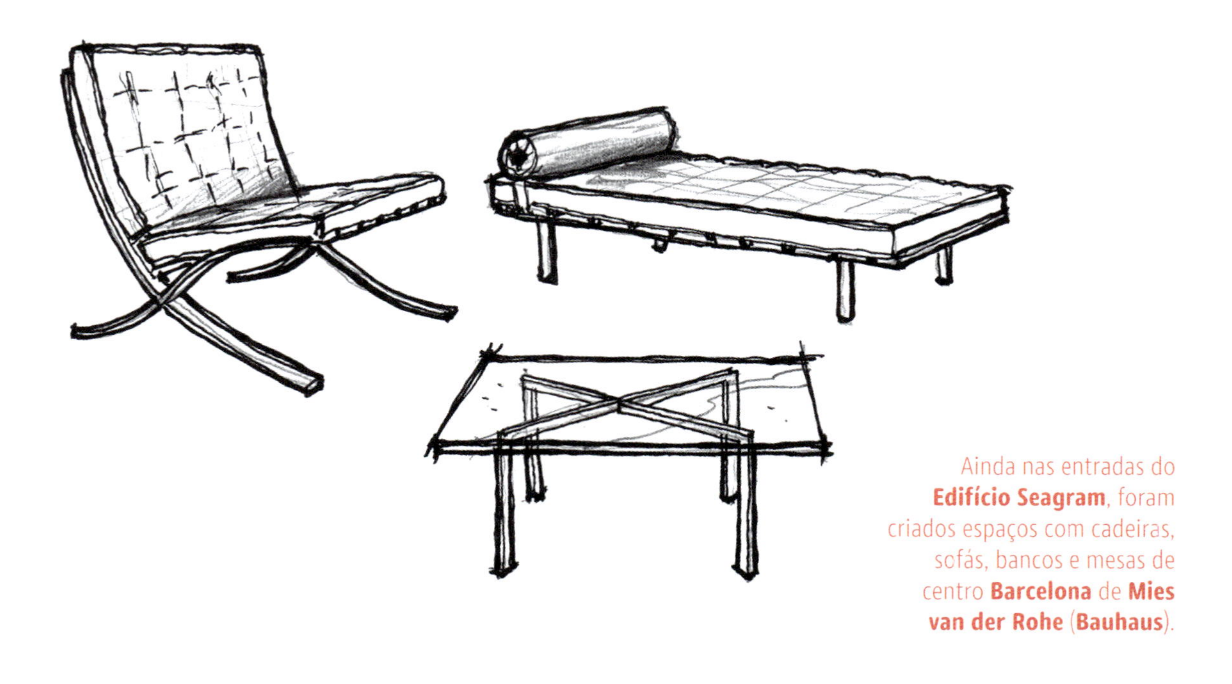

Ainda nas entradas do **Edifício Seagram**, foram criados espaços com cadeiras, sofás, bancos e mesas de centro **Barcelona** de **Mies van der Rohe** (**Bauhaus**).

BAR EM AUTOMÓVEIS

Os bares instalados em compartimentos secretos de veículos não foram somente um privilégio dos filmes de James Bond.

Na **década de 1950**, os automóveis **Cadillac Eldorado Brougham** eram produzidos já equipados com uma série de recursos. Um **minibar** instalado no porta-luvas era padrão e o mais interessante de todos os famosos "extras". **Magnetizado**, evitava que os copos ou utensílios se movimentassem. Frank Sinatra teria possuído dois desses veículos (Meise, 2014).

Nos **anos 1960**, Elvis Presley comissionou o designer George Barris (Barris Kustom Industries, em Hollywood) para personalizar seu Gold Cadillac. O equivalente a 200 mil dólares (em 2022) foi investido para adicionar ao veículo os mais luxuosos itens, entre eles rádios, telefones, polidores de sapato, sistema de entretenimento de última geração, **geladeira** e **bar**, todos com detalhes **banhados a ouro 24 quilates** (Design You Trust, 2022).

OS ANOS 1960 FORAM FANTÁSTICOS!

Muita coisa aconteceu na década de 1960 em termos sociais e políticos. Fomos ao espaço. Pisamos na lua. Conhecemos o charmoso 007 e a **rainha da televisão brasileira** Hebe Camargo. Perdemos Marilyn Monroe. Sobrevivemos à Guerra Fria. Perdemos figuras importantíssimas, como o presidente americano John Kennedy, o líder revolucionário Che Guevara e o líder afro-americano Martin Luther King Jr. Foi a década da criação da pílula anticoncepcional e da consequente liberação sexual feminina.

No **Brasil**, iniciamos nossa vida sob a Ditadura Militar, com a **censura** tomando conta de nossas vidas. Muitas pessoas foram presas, torturadas e mortas. Não tínhamos liberdade.

Foi a década da explosão da música brasileira, dos famosos **festivais de música televisionados**, com a presença de Elis Regina, Gilberto Gil, Caetano Veloso, Roberto Carlos, Jair Rodrigues, etc. Foi a época do **Tropicalismo**, após a ascensão, nos anos 1950, da bossa nova. Dançamos com os Beach Boys, Beatles, Elvis Presley, Bob Marley e tantos outros nomes.

Swinging Sixties foi uma **revolução cultural**, ocorrida no **Reino Unido**, que pedia a modernidade, ou seja, uma **nova estética**. Os jovens ingleses viviam uma época de otimismo e abundância, e o resultado foi uma expressão alegre, colorida, irreverente, popular e até, segundo alguns autores, descartável, tanto na moda, nas artes, como na música. Londres foi o centro da revolução.

Na moda, a **revolução** viu surgir os vestidos **mini**, tecidos **metalizados**, **linhas geométricas**, cabelos curtos e muitos outros detalhes que passaram a fazer parte do "visual" da época.

No **design de interiores** não foi diferente. Formas **gráficas**, **curvas** e **cores puras e intensas** apareciam em detalhes dentro de espaços com paredes brancas e piso de madeira com tapetes ou carpete.

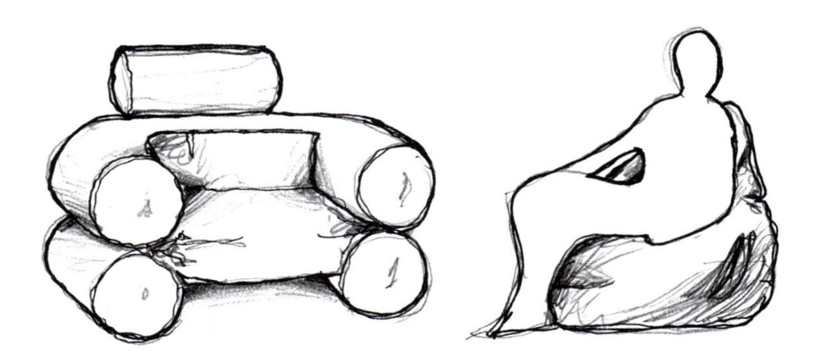

Em 1967 foi criada a **icônica poltrona inflável Blow** pelos arquitetos/designers milaneses Carla Scolari, Donato d'Urbino, Paolo Lomazzi e Gionatan De Pas, e em 1968 a **poltrona anatômica**, um envelope grande em couro natural ou sintético com conteúdo de pequenas esferas em poliestireno expandido ou **beanbag Sacco**, com design de **Gatti**, **Paolini**, **Teodoro**, que foi imediatamente copiada por toda parte.

Nessa década, tivemos o **estilo psicodélico** com seu **extremismo visual**, que pôde ser "vivenciado" no **Electric Pussycat bar e dance club** que existiu em Glendale, CA, Estados Unidos, de 2018 a 2020. Utilizando a temática dos filmes de **Austin Powers** como referência estética e revivendo personagens em shows ao vivo, o bar explorou em seu projeto de design de interiores a moda e a atmosfera do universo **psicodélico** dos anos **1960**.

Passe a entender o que era ser psicodélico! Assista ao vídeo no YouTube e observe as cores, linhas, iluminação, drinks: uma perfeita reconstrução psicodélica! Disponível em: https://www.youtube.com/watch?v=3bOTF_TzUd4. Acesso em: 14 fev. 2024.

O CINEMA CONFIRMA

Electric Psychedelic Pussycat Swingers Club, **de Austin Powers**, foi um filme criado especialmente para a TV com apenas 43 minutos de duração, lançado em 1997. Foi produzido para divulgar o projeto Austin Powers, que se transformaria na sequência de filmes *International man of mystery* (1997), *The spy who shagged me* (1999) e *Goldmember* (2002). Com **Mike Myers** no papel de Austin, um personagem por si só psicodélico, o filme mostra o extremismo do estilo.

ÍCONE ARQUITETÔNICO PAULISTA

O **Edifício Itália**, originalmente Círculo Italiano, em São Paulo, possui 46 andares e foi inaugurado em 1965 após cinco anos de construção.

Projeto de **Adolf Franz Heep**, arquiteto alemão que atuou no Brasil nas décadas de 1950 e 1960, na época foi considerado um **marco na arquitetura** de São Paulo por ser o mais alto edifício até então construído (atualmente é o segundo).

Em 1967, **Evaristo Comolatti**, empresário italiano, dono e sócio do Círculo Italiano, decidiu instalar um restaurante de prestígio a 160 metros de altura, já que a vista "infinita" e de 360 graus da grande metrópole era absolutamente maravilhosa e digna de ser apreciada durante uma refeição ou um drink com amigos em "alto estilo".

Nascia o **Terraço Itália**, com **restaurante** no 41º andar e seu **Piano Bar** no 42º andar.

O projeto do restaurante foi feito pelo arquiteto **Paulo Mendes da Rocha**, que utilizou poltronas de couro para os clientes. O projeto paisagístico do terraço ficou a cargo de **Roberto Burle Marx**.

Frequentado por **Pelé**, **Hebe Camargo**, **Jô Soares**, entre tantos outros famosos, o restaurante era o local favorito de celebridades.

Após reformas durante a pandemia, o **Terraço Itália** e seu Piano Bar reabriram, oferecendo jazz e MPB com drinks e coquetéis especiais criados por seu bartender.

São mais de 50 anos de história de um ícone arquitetônico protegido pelo **patrimônio histórico**.

OS BARES/BOATES

São Paulo também contou com locais que ficaram famosos pela bossa nova. Em 1959, **A Baiúca** era chamada de "**a casa da bossa nova em São Paulo**". Localizada na Praça Roosevelt, no centro de São Paulo, até seu fechamento em 1994, foi, segundo o jornalista André Motta Araújo (2016), o local mais próximo dos **bares/boates** existentes na vida noturna do Rio de Janeiro dos anos **1950**, embora seu sucesso tenha ocorrido nos anos **1960**. O som do piano era comandado por **Johnny Alf**, ao lado de **Tom Jobim**, **Nara Leão** e outros astros da época, acompanhado de um copo de whisky. Foi ali que surgiu o **Zimbo Trio**.

Uma filial foi aberta quando a Praça Roosevelt foi reformada, e **A Baiúca** acabou perdendo parte de seu charme e de seus clientes.

Mais requintada, a filial do bairro Jardins servia boa comida e drinks, mas não tinha a **atmosfera** boêmia da original. Pelo contrário, ainda segundo o jornalista (Araújo, 2016), na atmosfera esfumaçada de cigarro e cheiro de bebida se encontravam pessoas com "más" intenções, já que as mulheres, em minoria, eram charmosas e disponíveis.

A **Baiúca** deixou saudades pela sua **música ao vivo**, sua **atmosfera de boate**, seu **whisky** e principalmente sua **bossa nova**.

OS ANOS 1970 E 1980: A DISCO MUDOU TUDO...

A década de 1970 viu um **novo estilo** de divertimento tomar conta da vida noturna.

Tudo teria começado no Dia dos Namorados de 1970, numa festa *underground* promovida por **David Mancuso** em seu **loft** em **Nova York** com o objetivo de arrecadar fundos para pagar seu aluguel.

Com sistema de som de última geração, que ele possuía porque gostava de música, e discos que colecionou desde sua adolescência, promoveu uma festa com **dança** e **música eclética**, sem bebidas alcoólicas. Os convidados eram de todas as idades, um grupo totalmente diversificado racialmente e gay-*friendly*, uma alternativa, portanto, ao que existia na época.

A experiência deu certo, e o **loft** virou uma opção semanal, sempre cheio, até mudar de endereço em 1974. Assim teria nascido o conceito das discos.

As **discotecas**, com sua **música alta**, **efeitos luminosos** e **pista de dança** lotada, passou a ser comum e mais uma opção para as noites de quinta a domingo. A moda **cintilante** e **extravagante** das discos dividia seu espaço com a moda **hippie** do "paz e amor" e com o estilo **punk** e **metal**.

Elvis Presley morreu, Os Beatles terminaram, e reinavam **Os Rolling Stones** e **Led Zeppelin**. Os **Bee Gees** nos movimentos de **John Travolta** também tomaram conta da geração Disco. Muitos estilos diferentes conviviam, um pouco para cada gosto.

Algumas peças de design da década de 1970, como baldes de gelo (acrílico, metal e madeira) e carrinho/trole bar em acrílico transparente.

No Brasil, a novela *Dancin' days*, com **Sônia Braga** e **Antonio Fagundes**, entre tantos outros atores famosos, era um encontro diário com a felicidade embalada pela música das **Frenéticas**, que pedia: "**Abra suas asas, solte suas feras, caia na gandaia, entre nessa festa**".

O CINEMA CONFIRMA

Os embalos de sábado à noite (*Saturday night fever*), de 1977, com John Travolta, é o filme ideal para se ter uma ideia da atmosfera original das discos, com seu estilo eletrizante, cores, efeitos, danças coordenadas e campeonatos de dança que tomaram conta das noites.

Este filme foi um dos responsáveis pela popularização do **estilo Disco** pelo mundo, por mostrar exatamente como as pessoas se vestiam, dançavam, como eram as músicas e até como era a subcultura da época nos Estados Unidos. Em 2010, foi considerado "cultural, histórica e esteticamente significativo" pela Biblioteca do Congresso americano (O Tempo, 2010).

Dois caras legais (*The nice guys*), de 2016, dirigido por Shane Black, apresenta na forma de **comédia noir** como eram o design de interiores residencial e comercial, os bares dentro de casa, as festas, a música e o modo de se divertir em 1977, em Los Angeles, Estados Unidos, além da **moral** existente na época. Com **Russell Crowe** e **Ryan Gosling** nos papéis principais, é um filme que mostra a atmosfera da era Disco.

54, de 1998, escrito e dirigido por **Mark Christopher**, é um filme de ficção que tem o personagem principal baseado num empregado real da famosa boate/disco/nightclub **Studio 54** (1977-1980). A história da trajetória e declínio da casa que foi ponto de encontro de ricos e famosos, em Nova York, é contada através dos olhos de bartenders e jogadores. Os atores **Mike Myers**, **Salma Hayek**, **Neve Campbell** e **Ryan Phillippe** nos transportam a uma viagem pelo estilo da época e por todas as coisas "boas e ruins" ao redor do **Studio 54**, como bebidas, drogas, dança, etc. Marco dos anos Disco, vale a pena assistir não só pelo enredo e filme propriamente ditos, mas pela observação da **estética**, do **estilo** do clube e do **frenesi** da época.

Studio 54, **filme documentário** de 2008 dirigido por Matt Tyrnauer, traz uma versão mais verídica do que foi realmente a discoteca.

A **pista de dança** nos anos 1970 pedia drinks e coquetéis em copos mais altos (para não derramar) e maiores (mais tempo para dançar do que na fila para comprar). Era comum estar mais em pé do que sentado, e a alegria era predominante.

Segundo o site *The Mixer* (Edridge, 2022), entre os 12 mais famosos coquetéis dos **anos 1970** estariam os listados a seguir.

BRANDY ALEXANDER

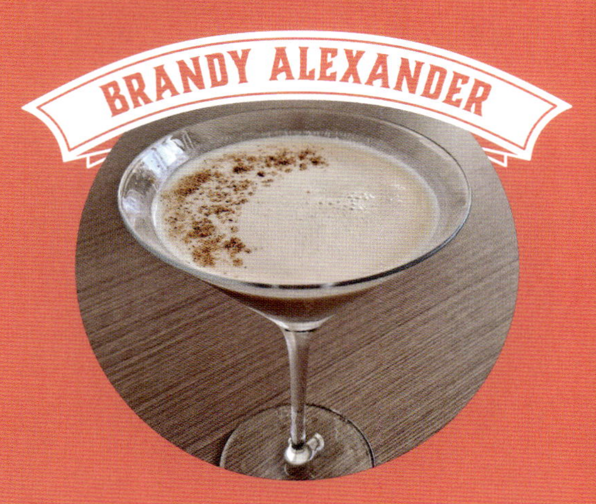

Embora tenha surgido na época de *O Grande Gatsby*, 1920, teria se tornado o coquetel "**mais legal**" da década de 1970 quando descobriram que era a bebida favorita de John Lennon.

Ingredientes

» 45 ml de conhaque

» 30 ml de licor de chocolate

» 30 ml de creme light ou chantili

» Uma pitada de noz-moscada e canela (para decorar)

» Gelo

Modo de preparo

1. Encha uma coqueteleira ou frasco de vidro com gelo.
2. Adicione o conhaque e o licor de chocolate.
3. Agite até esfriar bem.
4. Coe em uma taça de coquetel resfriada, como uma taça Martini ou Coupe.
5. Decore com uma pitada de noz-moscada e canela.

GRASSHOPPER

O nome deste coquetel é derivado de sua cor verde-esmeralda. Embora criado em 1918, foi popular na década da Disco e tem lugar especial na lista de coquetéis da IBA.

Ingredientes

» 22,5 ml de creme de cacau

» 22,5 ml de creme de licor de menta (verde)

» 22,5 ml de creme de leite duplo

» Raspas de chocolate (para decorar)

» Gelo picado

Modo de preparo

1. Resfrie uma taça Martini fosca no freezer por cerca de 1 hora.
2. Adicione uma pitada de creme de cacau ou creme de licor de menta em um prato, e raspas de chocolate em outro.
3. Mergulhe a borda da taça Martini no licor e depois no chocolate, e reserve.
4. Adicione gelo picado a uma coqueteleira, seguido de creme de licor de menta, creme de cacau e creme de leite duplo.
5. Agite bastante, coe na taça Martini com borda de chocolate e sirva.

O **White Russian**, que teria ficado novamente famoso nos anos 1990 com o filme *O grande Lebowski* (*The big Lebowski*), encabeçaria a lista dos **coquetéis cremosos de vodka** que foram "**febre**" nos anos da Disco.

A **Piña Colada**, o **coquetel Tiki** (página 51) e o **Aperol Spritz** (página 161), coquetel italiano, também estão na lista.

A SÉRIE CONFIRMA

O **designer** de moda **Roy Halston Frowick** (1932-1990), conhecido mundialmente como **Halston**, foi um dos **maiores inovadores da moda americana** nas décadas de 1970 e 1980. Amigo de Andy Warhol, Truman Capote, Elsa Peretti e principalmente Liza Minnelli, era frequentador assíduo do **Studio 54**. Sua vida foi retratada na minissérie da **Netflix** de mesmo nome (*Halston*), lançada em 2021, com Ewan McGregor, Bill Pullman e Rebecca Dayan. A série é interessante para analisar como Halston vivia e como era seu mundo durante sua vida frenética de sucesso, que acabou por causar seu declínio.

Mais uma forma de **manifestação estética** aconteceu, durante meados do século XX, contra a simplicidade do **Modernismo**, dos parâmetros **antigos** e das bases do design **tradicional**. Seu auge teria acontecido entre os anos 1954 e 1964, mas, de certa forma, ela sobrevive até os dias atuais, quer pela força do seu design, quer pelos novos modismos saudosos.

Estávamos entrando na **Era Espacial**, explorando o desconhecido, e assim também aconteceu no mundo do design. Nessa época, surgiu uma nova geração de designers **visionários**, que ampliaram o conceito de forma e função na busca por um **visual futurista e inovador**. Utilizando **tecnologia**, **formas** elegantes e aerodinâmicas das naves espaciais, além de **materiais** metálicos e brilhantes, procuravam evocar um **futuro** eficiente e inovador.

O Bar 83, instalado no 83º andar da Sydney Tower, foi projetado pelo escritório **Loopcreative**, que se inspirou no visual da **Era Espacial** utilizando peças de mobiliários criadas e/ou inspiradas em um dos principais designers da Space Age, o finlandês **Eero Saarinen**.

O bar possui uma atmosfera de “viagem no tempo”,
com peças de design futurista por toda parte.

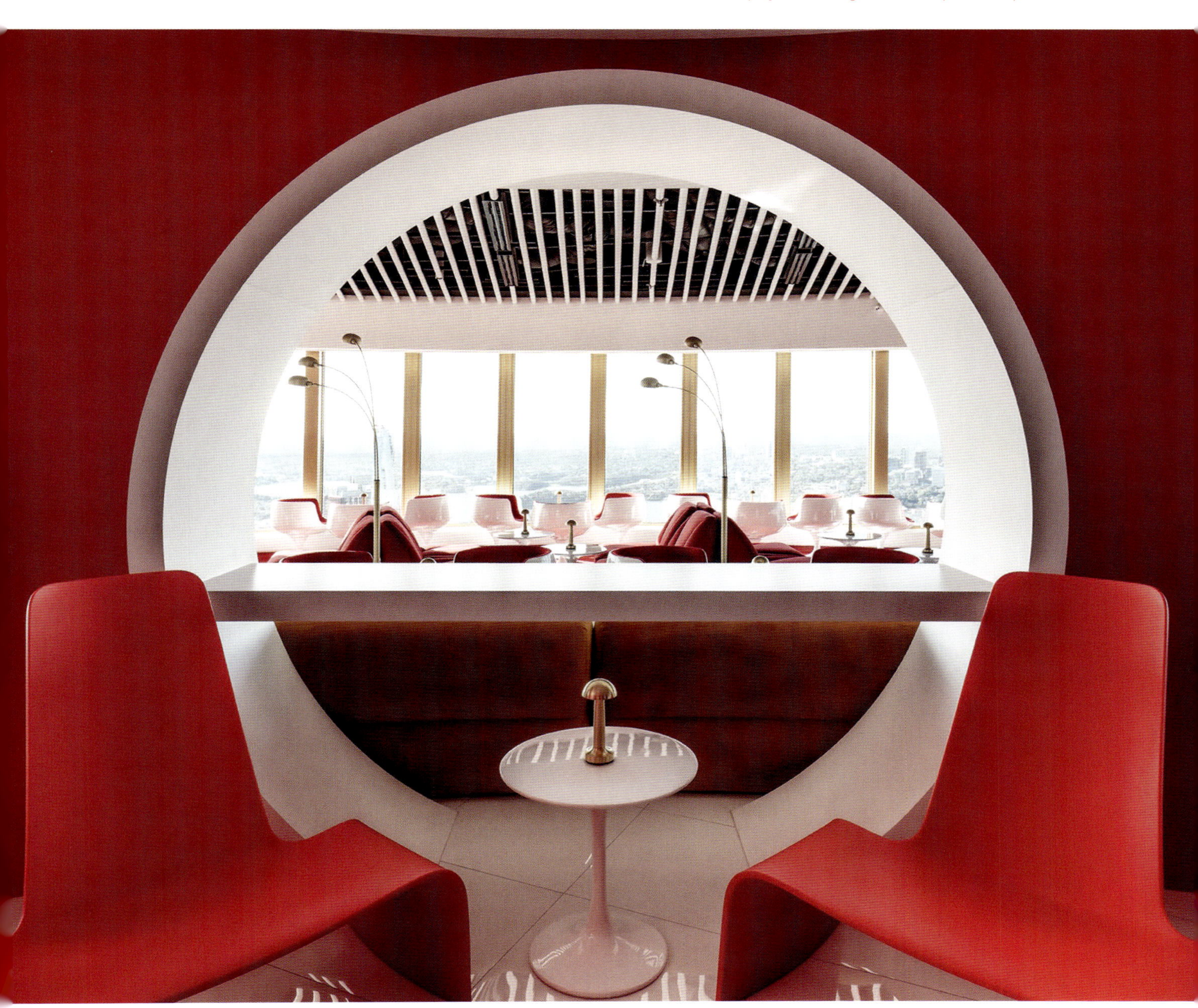

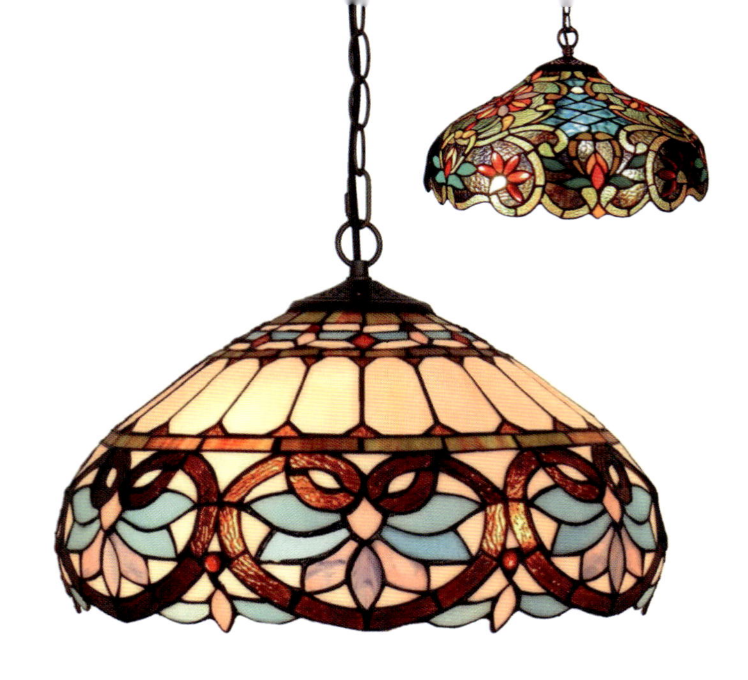

E AS "SAMAMBAIAS" CHEGARAM... TRAZENDO A HAPPY HOUR NOS FERN BARS

Com **público-alvo** de mulheres solteiras, design interno **simples**, **elegante**, **sofisticado**, com **plantas** (samambaias) e **luminárias Tiffany** (bastante suave), o **estilo Fern** ("samambaia") visava fazer com que a nova clientela se sentisse bem num ambiente até então criado e dominado por e para homens.

Outra nova proposta de **design** para bares surgiu durante a época da liberação feminina – final da década de 1960/1970 –, quando a maioria das mulheres ainda não frequentavam bares sozinhas.

Utilizando muita **madeira**, **plantas**, **paredes decoradas** e **luminárias** coloridas, esse estilo fazia com que o restaurante/bar tivesse uma **atmosfera** mais parecida com o aconchego de uma **casa** do que com um bar tradicional. Funcionou: as mulheres apareceram e os homens também. Era o começo dos bares para solteiros.

Não se sabe ao certo qual teria sido o primeiro fern bar americano. Para alguns, o precursor do estilo teria sido o bar **Henry Africa's**, em São Francisco; para outros, teria sido a abertura, por **Alan Stillman**, do primeiro bar/grill **TGI Fridays**, em Nova York, Estados Unidos, em 1965, que também é uma das hipóteses para a invenção da happy hour.

Com a abertura do bar/grill, teria sido criada a oportunidade de celebrar o final de um dia como se já fosse o último da semana, ou seja, como se fosse sexta-feira (*Friday*).

O slogan "*In here, it's always Friday*", marca registrada da empresa, obteve total sucesso. A ideia da cadeia de bares/grills era simples: proporcionar aos **jovens** trabalhadores **solteiros** americanos um local para encontrar e fazer amigos após 8 horas de trabalho e saborear drinks e coquetéis com preços promocionais.

Os clientes se espalhavam, como ainda ocorre atualmente, **em pé**, ao redor do bar e do restaurante, o que originou o primeiro "**coquetel de rua**" e o verdadeiro espírito de uma sexta-feira após o trabalho.

TGI Fridays é um local icônico na vida dos americanos e chegou a possuir, antes da pandemia, 900 restaurantes espalhados por 60 países.

O DESIGN YUPPIE E O ESTILO CLEAN DOS ANOS 1980

Foi na década de 1980 que vimos despontar o **design de interiores** como um nicho profissional que, aos poucos, deixou de ser visto como simplesmente **decoração**.

A geração *yuppie* (*young urban professionals*), dos anos 1980, era composta por **jovens profissionais das cidades** que "enriqueciam" na bolsa de valores de Nova York. Com o tempo, a definição estendeu-se para todos os jovens **profissionais** que viviam nas **cidades**, **solteiros**, que **ganhavam muito bem**, que **seguiam a moda** e gastavam seu dinheiro comprando **peças de design** e **itens caros**.

Principalmente nessa década, as mulheres começaram a pensar em casar mais tarde e a se concentrar mais em suas **carreiras**, passando também a **gastar** com itens de design.

Assim teria aparecido o **estilo Clean** (não confundir com estilo Limpo), que usa **somente** peças de **mobiliário de design** (principalmente **Bauhaus**), **materiais nobres** como **mármore**, **cromado**, **brilho**, muito **preto**, é **sofisticado**, **assimétrico**, com prevalência de **linhas retas**, **sem** muitos detalhes decorativos e, de certa forma, **rígido** e **formal**, dadas as características do estilo.

O **estilo Clean** teve influência **minimalista**, ou seja, nada de decoração que não seja **necessária**, nada de **detalhes** nas peças de mobiliários. Tudo **simples** e *chic*.

O CINEMA CONFIRMA

Assistir ao filme lançado em 1986, *9 ½ semanas de amor* (*9 ½ Weeks*), do diretor Adrian Lyne, é a melhor forma de vivenciar o que é o **estilo Clean**. **Mickey Rourke** é 100% *yuppie*, ou seja, se comporta, se veste, mora e vive totalmente imerso no estilo. É um exemplo fantástico de como um **projeto de design de interiores** pode ser **fiel à representação** da personalidade de um cliente.

Socializar e jantar fora se tornaram atividades populares nessa década. Os fern bars (locais para solteiros encontrarem possíveis pares românticos) eram vistos como uma alternativa **sofisticada** e **elegante** aos bares tradicionais da época.

O CINEMA CONFIRMA

Podemos dizer que a moda dos coquetéis recebeu um grande impulso nessa época graças ao lançamento do filme *Cocktail*, de **1988**, dirigido por **Roger Donaldson**. **Tom Cruise** teria colocado em foco a **mixologia** e a **arte de preparar coquetéis**. Neste filme, é feita uma viagem a um cocktail bar de praia, na atmosfera eletrizante de manobras, música e coquetéis. Entre outros atores, **Bryan Brown** e **Elisabeth Shue** fazem parte do elenco.

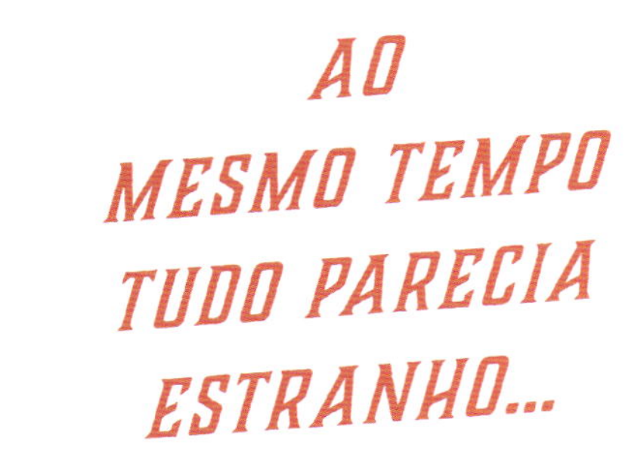
AO
MESMO TEMPO
TUDO PARECIA
ESTRANHO...

Em contrapartida, em 1981 surgia, na Itália, o **movimento** ou **grupo Memphis**, formado por **Ettore Sottsass** e outros **designers** que questionavam conceitos **preestabelecidos**, como guardar livros, sentar, comer, etc.

Muito criticado, considerado **estranho**, **colorido**, **brincalhão**, **instável** e de certa forma "**irritante**" dada a quantidade de mistura de diferentes texturas e ângulos inclinados, o estilo sobreviveu até 1986, mas reapareceu no novo milênio, como veremos mais adiante.

Copos, bancos e mesas Memphis

O CINEMA CONFIRMA

Faça uma verdadeira **imersão no estilo** e na personalidade das pessoas que realmente gostam do estilo **Memphis** assistindo ao filme *Por favor, matem minha mulher* (*Ruthless people*), de 1986, comédia dirigida por **Jim Abrahams** e **David Zucker**. Além de divertido, a personagem interpretada pela atriz **Bette Midler** "é" uma pessoa Memphis, e, consequentemente, sua casa é totalmente nesse estilo, com exceção do escritório do personagem de **Danny DeVito**, que não tem absolutamente nenhuma empatia com essa estética.

OS ANOS 1990

Os ideais e a estética do **Modernismo** (e do **estilo internacional**) foram considerados abstratos, frios, com muito branco e até mesmo inexpressivos por alguns arquitetos e designers da época.

Foi desse questionamento que teria aparecido o **estilo pós-moderno**, caracterizado pela referência a elementos históricos **clássicos** num contexto **contemporâneo** e às cores terracota (pálida, mas forte), lilás, verde-esmeralda, rosa desbotado e azul. O estilo minimalista ainda existia paralelamente.

BUDDHA BAR E A COLETÂNEA DE MÚSICAS QUE VIROU MANIA

Estávamos nos desenvolvendo muito rápido **tecnologicamente**, e a vida estava, de certa forma, tranquila pelo mundo afora. Dentro desse contexto surgiu um novo tipo de bar que, por sinal, não tinha nada de minimalista em seu design, mas tinha em seu "espírito".

Uma das inovações mais famosas no âmbito dos bares nos anos 1990 teria sido a abertura, em 1996, do **Buddha Bar** em Paris, criado pelo *restauranteur* **Raymond Visan** e pelo DJ e designer de interiores **Claude Challe**.

Um misto de bar, boate, lounge, house/avant-garde music e restaurante pan-asiático, o **Buddha Bar** servia pratos de diferentes países do continente asiático e atendia um **público-alvo** formado basicamente por ricos turistas *yuppies* e pela classe alta parisiense.

O local teria passado a ser **referência** não só na França, mas no mundo inteiro, abrindo franchisings em diferentes países e estimulando o aparecimento de inúmeras imitações.

Até hoje o **Buddha Bar** atrai turistas e vende suas coletâneas através da **George V Records**, mantendo a mesma marca.

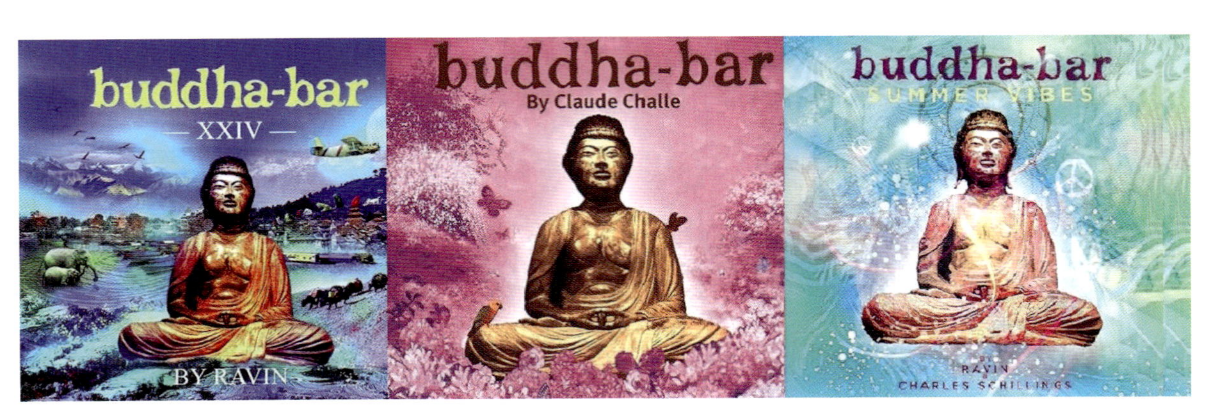

Com uma coletânea musical **eclética**, com músicas lounge, world music, new age, etc., esses CDs passaram a ser música de fundo de muitos bares dos anos 1990 e ainda hoje tocam nos bares com **estilo chill-out** (para relaxar). Em 2023, foi lançada a coletânea número 25.

Em algumas localidades, as filiais do bar enfrentaram problemas relacionados à **temática**, focada no ícone do **budismo**, e ao contraste com as religiões locais.

Este é um dos problemas que podemos encontrar quando se escolhe um tema que reflete uma crença, uma postura partidária ou mesmo um referencial social que agrada um público muito restrito: o resultado do projeto pode criar conflitos.

O estilo de música eclética utilizado nos bares fez sucesso, e as coletâneas **Buddha Bar** passaram a ser produzidas em 1999, conquistando o mundo todo.

O **Buddha Bar** sempre ofereceu aos seus clientes uma **verdadeira experiência**, com um design de interiores que **explora os sentidos** e uma **trilha sonora** original e diferenciada.

ANOS 2000 PRÉ E PÓS-PANDEMIA

Como vimos até aqui, a maioria do que é **moda hoje** já foi moda há alguns anos. Simplificando minha teoria: o que é moda, quer em vestuário, quer em bebidas e design, acaba sendo, de alguma forma, uma releitura de algo realmente inovador do passado e que adquiriu **características novas** por meio de novos materiais, do cuidado com a **sustentabilidade**, **reciclagem**, **ecologia**, **aquecimento global**, etc.

Entretanto, a **mudança comportamental** e a **evolução tecnológica** parecem caminhar com pernas próprias, pois são influenciadas diretamente por **acontecimentos**, muitas vezes imprevisíveis, que exigem **mudanças na base** de nossas vidas, ou seja, **mudanças conceituais**.

Acreditamos que somente esse tipo de mudança **quebra paradigmas** e requer uma solução de design que reflita os **novos conceitos**, os **novos tempos**, e aí, sim, poderemos ter um **design inovador** e realmente **diferenciado**.

O **século XXI** parece já ter iniciado sob a suspeita de grandes mudanças sociais, comportamentais e tecnológicas.

A virada do século foi um momento misto de alegria e pânico, pois ninguém sabia o que aconteceria com nossos computadores e nossa vida tecnológica após a meia-noite do dia 31 de dezembro de 1999.

O século mudou e nada aconteceu... Nossa vida continuou normal. Mas o medo que esteve em nossas mentes durante a virada se transformaria num medo maior com a chegada do que ninguém esperava: a **covid-19**. Estava acontecendo algo que iria requerer mudanças em nossas vidas, nossos paradigmas, nossos conceitos.

Muitos bares acabaram fechando suas portas com a pandemia em todo o mundo. O design teve que se **readaptar** aos problemas na **ocupação dos espaços**, como a **contaminação**, a **falta** de mão de obra e de material, além da **diminuição** da clientela e das vendas.

O mundo está tentando voltar à normalidade, que, feliz ou infelizmente, nunca será como a de antes.

E agora, José?

As pessoas escolhem qual bar frequentar por diferentes razões, como "ver" e "ser visto", fazer amigos ou simplesmente tomar um drink.

Vivemos num mundo **saturado** de opções de locais para frequentar, e essa alta concorrência exige um estudo cauteloso que identifique o melhor tipo de design para que o projeto se **destaque** na multidão.

Na busca por esse "lugar ao sol", as novas propostas passaram a **definir** seu público consumidor como grupos de pessoas cada vez **mais específicos** e até **setorizados**.

Seguindo essa linha de pensamento, no novo século vimos surgir categorias de locais, como as **cafeterias**, as **cervejarias** e as **vinotecas**, dedicadas exclusivamente a **um tipo de bebida**, e que oferecem uma **experiência de consumo** a uma clientela **exigente** e disposta a pagar pela opção escolhida.

A solução "um local faz-tudo" dentro de um universo bastante competitivo pode não oferecer **destaque** ou interesse, enquanto a especialização é um fator **diferencial** que poderá ajudar muito no sucesso de um comércio.

Não queremos dizer com isso que uma **coquetelaria**, por exemplo, não possa (e não deva) servir café. Enquanto seu **ponto focal** principal de venda e marketing é mais específico, atender às solicitações de uma faixa maior de clientes é sempre um ponto a favor do estabelecimento e de seu faturamento.

Afinal, o que seria do amarelo se todos gostassem só do azul?

NO MUNDO DOS DESTILADOS

Na linha das **bebidas destiladas**, essa tendência também vem ganhando força já há alguns anos com o surgimento das **cachaçarias**, **casas de gin**, casas especializadas em novos **coquetéis**, e assim por diante.

Estimulada por filmes, séries ou clipes musicais, a moda dos drinks e coquetéis definitivamente voltou. Os bares pelas cidades do mundo se revestem de propostas que buscam se diferenciar dos locais já em funcionamento e, consequentemente, se destacar na multidão.

Enquanto alguns lugares se inspiram em soluções que foram famosas anos atrás, como vimos, outros tentam inovar apostando em novas tendências. Qualquer que seja o design escolhido, todos apostam, e com razão, na mixologia criada por seus bartenders ou mixólogos, verdadeiros **designers de coquetéis**, e na sua fantástica capacidade de **recriar** uma variedade de bebidas imortais, como o Martini, Manhattan, Margarita, etc.

Durante minha pesquisa sobre o século XXI, deparei--me com uma gama enorme de **tipos**, **nomenclaturas** e **soluções estéticas** antigas, novas ou releituras de soluções que representam uma **era**, um **comportamento**, um **gosto** ou mesmo um grupo social.

A capacidade de **proporcionar uma experiência** a quem bebe não pode ser ignorada, pois será ela a responsável pela **permanência** e **fidelidade** dos consumidores. **Vivemos a era do design multissensorial**.

A seguir, analisaremos alguns temas e soluções de design que sobreviveram ou que surgiram no novo milênio.

As propostas de bares com temas esportivos são sempre bem-vindas. O **sport bar** está presente em todos os países do mundo, seja ele sobre futebol, rugby, baseball, tênis, etc.

Esses bares são **informais**, recebem **grupos** de amigos, podem ser barulhentos e têm como foco **entreter** os clientes.

South Beach Hotel é um sport cocktail bar com ênfase em pesca. Com diferentes ambientes e atmosferas, oferece diversas opções de agrupamento, de pequenas mesas mais intimistas para casais a grandes mesas de madeira para grupos maiores. A variedade de opções favorece a diversidade de clientes.

A **solução estética** é principalmente baseada em:

- um time, esporte, atleta, clube, etc.;
- várias **telas** de televisor que mostram um ou mais esportes ao vivo;
- **telão** para grandes eventos;
- paredes com **fotos** e **itens** ligados ao esporte (bandeiras, troféus, bolas, tacos, camisetas, etc.);
- **cores** que representam um time ou um país;
- **mesas** e **cadeiras** que podem ser organizadas segundo a necessidade, já que podem receber alguém sozinho ou grupos grandes.

DIVE BARS OU BARES DE BAIRRO

Nossos tradicionais **bares de esquina** podem ser classificados como *neighborhood bars* ou dive bars. Os frequentadores não pretendem **gastar** muito e não buscam ser vistos num determinado local de moda: estão ali simplesmente para se divertir, sem se comprometer com uma classe ou grupo social específico.

Esses espaços servem de tudo, de **café** a **drinks** ou **coquetéis**, numa atmosfera bastante **simples**, **informal**, **descontraída** e **amiga**.

Quem está atrás do balcão conhece bem quem faz o pedido; cada cliente é chamado pelo nome, e podem existir jogos como snooker e dardo.

Perto de casa, são bares onde geralmente as pessoas se encontram após o trabalho e têm uma grande importância no **dia a dia** de quem os frequenta. Ali as pessoas podem ser quem são sem o menor risco de desapontar alguém.

O CINEMA CONFIRMA

O filme *Ponto de encontro* (*Trees Lounge*), de 1996, escrito e dirigido por **Steve Buscemi**, que também interpreta o papel principal, é baseado em personagens reais que o autor conheceu no verdadeiro dive bar **Trees Lounge**, em Valley Stream, Long Island, Nova York. Foi filmado num bar em Glendale que, segundo o diretor, tem as **mesmas características do verdadeiro dive**, que infelizmente se transformou num sport bar antes de ser fechado. Também estão no filme **Samuel L. Jackson**, **Anthony LaPaglia** e **Mimi Rogers**.

BAR TEMÁTICO COM CARACTERÍSTICAS DE SPEAKEASY

Oferecer às pessoas a oportunidade de frequentar um bar com as **características** e **atmosfera** de uma **época**, **quer seja numa releitura ou reprodução de um estilo**, pode ser muito mais do que uma boa razão para atrair o público consumidor.

Com a nova onda de bares especializados e diferentes, a ambientação **intrigante** do *speakeasy* passou novamente a fazer parte da tipologia dos bares pelo mundo, levando os consumidores a uma viagem, uma **experiência** da atmosfera *underground* de uma época.

Quem gosta de opções **alternativas**, **intelectualizadas**, e/ou aprecia conhecer a **história** e as **circunstâncias sociopolíticas** de diferentes épocas com certeza vive uma experiência interessante frequentando um bar com as características dos *speakeasies*.

Sneaky Tony's, em Perth, Austrália, recriou a ideia do bar clandestino com o mesmo **apelo estético e comercial** que sobreviveu ao difícil período enfrentado pela população americana durante a **Lei Seca**. O bar, com trezentas garrafas de diferentes runs, teve seu nome inspirado no contrabandista de rum e empresário de jogos no sul da Califórnia (1920 a 1950), Anthony Cornero Stralla.

BAR TEMÁTICO REINTERPRETADO SEGUNDO O OLHAR DO SÉCULO XXI

A proposta do **Business & Pleasure Cocktail Bar**, criado pelo **Studio North** em 2022, no Canadá, é fazer uma **reinterpretação** de qualidades singulares e clássicas de um *speakeasy*, ou seja, de um bar clandestino dos anos 1920, através do olhar do século XXI.

Com um design elaborado que usa linguagens contemporâneas do **design paramétrico**, **fabricação digital** e **experimentação** de materiais, foi criado um céu de "nuvens" em Fir Plywood (madeira compensada que utiliza madeira de um tipo de pinheiro), cortada num padrão que permite que elas sejam curvadas na forma de barris.

Segundo o **Studio North**,[1] esse projeto:

» celebra a **experimentação** na arquitetura de interiores ao testar novos processos de design e qualidades dos materiais;

» teria facilitado a prototipagem em escala 1:1;

» utilizou um processo de design associado diretamente ao seu processo construtivo;

» aplicou design paramétrico, no qual diferentes partes do teto foram parametricamente componentizadas com base no tamanho da folha de compensado e nas dimensões da sala, para permitir uma fabricação mais fácil, instalação e ajuste de local mais precisos, bem como o agrupamento de materiais para minimizar o desperdício de sobras.

A variação de geometria e padrão utilizados para compor o forro falso permitiu criar **movimento** e **delimitar** os espaços das áreas mais íntimas (semicírculos menores) e das áreas de circulação/trabalho mais amplas (semicírculos maiores).

1 Conteúdo extraído de entrevista informal com a assessoria do Studio North, por meio eletrônico, em julho de 2023.

Sometimes you
can have *both*.

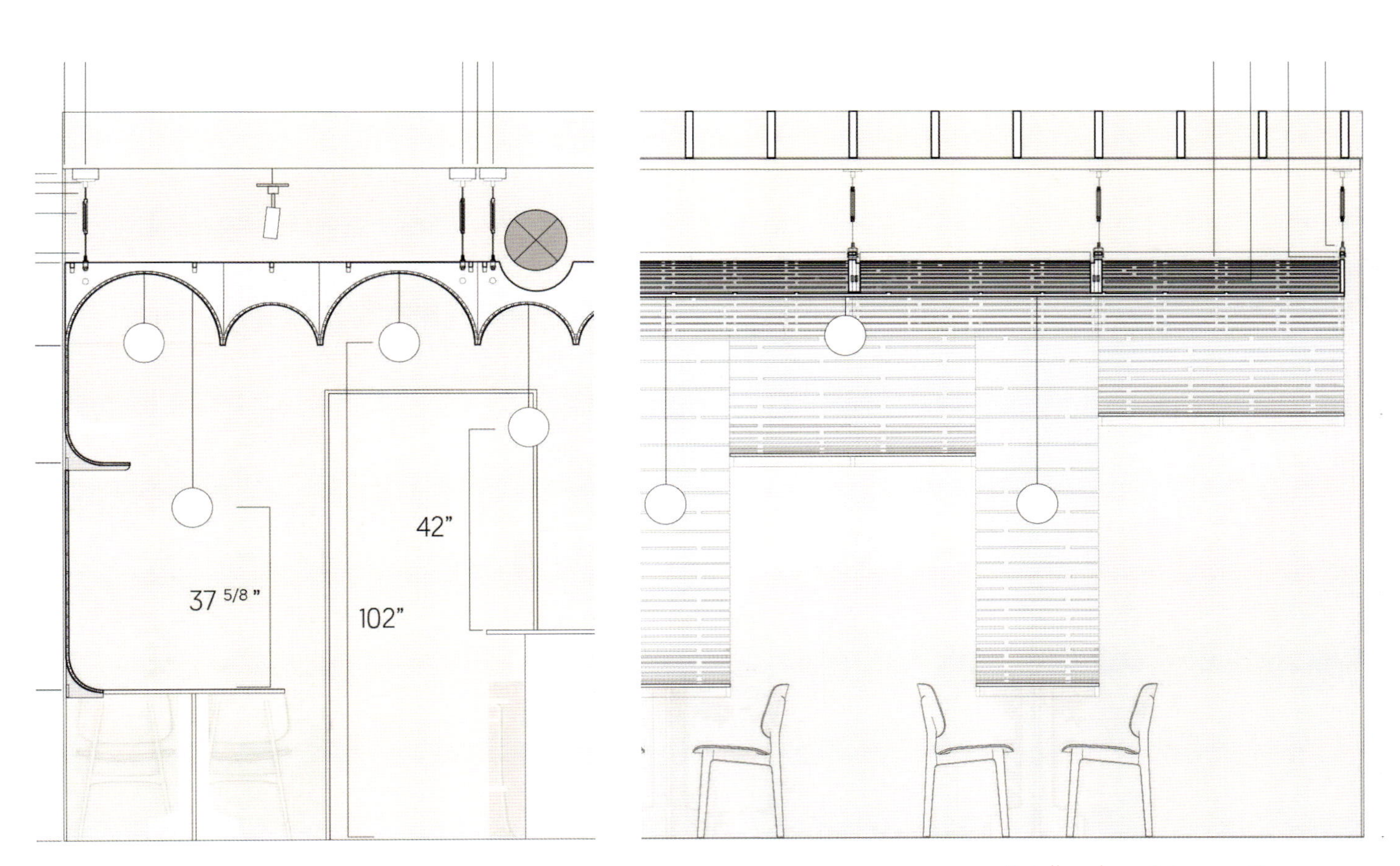

Detalhes do projeto executivo

A IMPORTÂNCIA DO BRANDING

Quando falamos da **importância** do *branding*, da **força da marca**, certificamos que num projeto de design de interiores comercial o conceito do **produto** esteja refletido em **todos** os aspectos e ângulos do projeto.

O *branding* é uma arma de marketing forte que pode garantir um diferencial importante: o reconhecimento instantâneo de um local ou de um produto por meio do uso específico de uma cor, um logotipo, uma forma, etc.

A associação de uma **marca** a uma **cor**, um **cheiro**, uma **linha** ou qualquer outra **característica** de um **produto** poderá trazer vantagens num mundo tão competitivo.

Um dos melhores exemplos que vi até hoje de *branding* é o projeto do **Terrazza Aperol**, criado pelo designer italiano **Antonio Piciulo**. Localizado dentro do Mercato del Duomo na Galleria Vittorio Emanuele II (praça do Duomo), em Milão.

O *branding* está no ar...

Criado para o **aperitivo Aperol**, produzido pelo **grupo Campari**, o **Terrazza Aperol** possui uma atmosfera mágica e explora a alegre cor **laranja da bebida**, que representa **socialização**.

Utilizando uma estratégia de **marketing** bem definida, o aperitivo foi **associado** aos momentos mágicos da vida, à espontaneidade, às conexões com os amigos. Essa associação pode ser sentida em todos os ângulos do projeto de design de interiores. **Terrazza Aperol** é um verdadeiro brinde ao *branding*!

Segundo **Antonio Piciulo**,[2] a forma do balcão teria surgido de um "exercício mental" que fez imaginando o momento em que se abre uma garrafa do apetitivo e se joga seu líquido no ar. O movimento do líquido teria sido reproduzido na forma orgânica do bar.

2 Conteúdo extraído de entrevista informal com Antonio Piciulo, por meio eletrônico, em agosto de 2023.

O aperitivo tradicional italiano e o Aperol

A palavra "**aperitivo**" nos remete à ideia de um drink para abrir o apetite. Para alguns, a associação se faz com os **antigos remédios** para estimular o apetite de pessoas doentes. Seja qual for a associação, os italianos realmente aproveitam a hora de *fare un aperitivo* (tomar um aperitivo), sozinhos ou socializando com amigos, acompanhados por petiscos gratuitos.

O horário é sempre o mesmo, ao final do dia, e a escolha de um local acaba sendo difícil, já que todos os bares, cafés, pubs, etc. oferecem a famosa opção de socialização.

Alguns locais oferecem o que chamamos de aperitivo com *buffet*, ou seja, uma enorme variedade de petiscos que podem até substituir o jantar, sempre gratuitamente. Nesse caso, alguns italianos já consideram a opção mais como uma happy hour do que como o clássico aperitivo do final do dia.

As ambientações são várias, mas geralmente as pessoas estão sentadas confortavelmente em mesas ou, se sozinhas, em pé junto ao balcão de petiscos.

A bebida **Aperol**, criada em **1919** pelos **irmãos Barbieri**, ficou famosa como bebida aperitivo entre os adultos mais jovens que frequentavam os cafés de **Pádua** e **Veneza** durante o pós-guerra (1919-1930).

Foi, porém, somente nos anos **1950** que a Itália conheceu o **coquetel Aperol Spritz**, que se tornaria popular nas décadas de 1980 e 1990. Com a compra da bebida pelo **grupo Campari**, em 2000, e a intensa campanha publicitária associando o coquetel à arte, música, estilo de vida, etc., o **Aperol Spritz** ficou mundialmente famoso na década de **2010**.

APEROL SPRITZ

Ingredientes (receita original)

» 3 partes de prosecco D.O.C. (90 ml)

» 2 partes de Aperol (60 ml)

» 1 dose de club soda (30 ml)

» 1 fatia de laranja (para decorar)

» Gelo

Modo de preparo

1. Coloque cubos de gelo em um copo balão ou taça Borgonha.
2. Despeje o prosecco, o Aperol e o club soda.
3. Corte uma laranja e use-a como guarnição.

BAR TOTALMENTE SUSTENTÁVEL E DESMONTÁVEL

Outra questão importante para o **design do novo século** é a **sustentabilidade**, e não poderia existir um exemplo melhor do que o *underbar* criado para a Stockholm Furniture Fair, na Suécia, pelo famoso arquiteto e designer **Jonas Bohlin** e pela artista e designer **Christine Ingridsdotter**.

Underbar, nome que faz trocadilho com a palavra "**bar**", significa "**maravilhoso**" em sueco.

Esse é também um grande exemplo de bar **pop-up**, que é criado para eventos especiais e depois desmontado.

O objetivo do projeto, que se reflete na escolha de materiais e texturas, foi criar a possibilidade de que diferentes tipos de consumidores pudessem encontrar um ponto em comum com o espaço, uma forma de conexão com o ambiente.

Os designers também optaram por não utilizar carpete ou tapetes, que certamente durariam somente o tempo da exposição, gerando entulho. A opção foi utilizar uma máquina de fumaça, criando um fino carpete de vapor sempre em movimento. Para complementar a experiência sensorial do bar, era tocada uma música a cada 30 minutos.

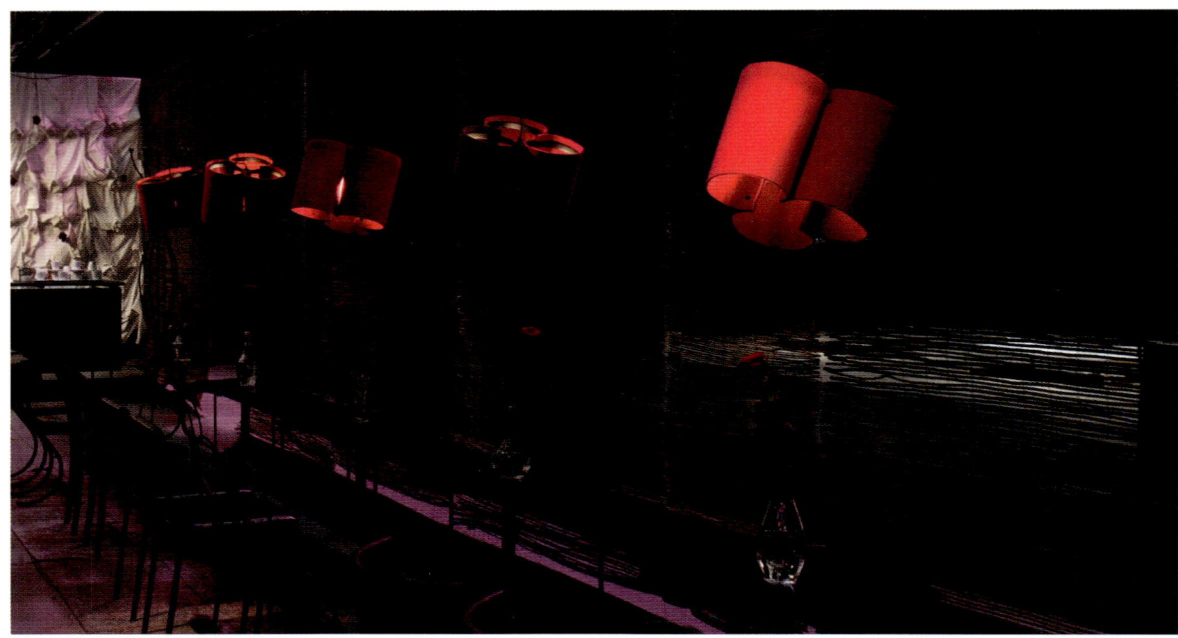

As **mesas** e as **luminárias** de feltro (para ajudar na acústica) foram desenhadas pelo designer, produzidas na Suécia e vendidas. As **camisas brancas** utilizadas para criar a textura no pano de fundo do bar foram emprestadas de amigos e devolvidas. **Vasos** de segunda mão retornaram à loja. As **cadeiras** foram emprestadas por restaurantes criados pelo designer, e o **teto** foi decorado com cobertores de emergência para incêndio, depois doados, e assim por diante com todo o resto dos elementos utilizados na criação do bar.

DENTRO DE UM BARCO PARA "SALVAR" UM PEDAÇO DE MEMÓRIA

Um exemplo de atitude "ecológica e politicamente correta" associada a um grande **diferencial** no design é a abertura do **bar Alte Utting**, em **2018**, na Alemanha. O bar foi instalado dentro do **barco MS Utting**, construído em 1950 e aposentado para ser destruído em 2016, após 65 anos transportando pessoas no Lago Ammersee, na Baviera.

Foram necessárias adaptações de todos os tipos para deixá-lo seguro, com fácil acesso e jardim para os clientes. O projeto teve sucesso e inclusive sobreviveu à pandemia.

O projeto não foi fácil, mas, em um esforço conjunto de investidores, políticos, engenheiros e pessoas interessadas em preservar a memória do lago, o barco foi transportado por mais de 50 quilômetros e instalado sobre uma **ponte ferroviária desativada** no meio de Sendling, em Munique. Transformado num bar com vários ambientes, manteve os shows ao vivo que sempre ofereceu enquanto navegava pelo lago.

BAR TEMÁTICO, DIFERENCIADO, ÚNICO

A escolha de um **tema** é sempre uma opção para chamar a **atenção** e se **diferenciar** de outros bares. Embora algumas propostas sejam bastante óbvias, outras são mais elaboradas e absolutamente **criativas**, como a do bar **Va Bene Cicchetti**, em Varsóvia, na **Polônia**.

O tema escolhido pelo estúdio **Noke Architects** para o design do bar **Va Bene Cicchetti** é bastante interessante. Seu design procurou reproduzir um bar numa **Veneza alagada**, ou em *acqua alta* (enchente).

O porão que também faz parte do bar foi totalmente revestido de cerâmica verde-mar turquesa, que completa o efeito visual de estar submerso, embaixo d'água.

Os banheiros fazem referência aos **gondoleiros**, com teto vermelho e paredes em listrado branco e preto. Um grande **mosaico** na parede, feito com vidro de **murano** e garrafas, complementa o tema Veneza em tempo de enchente.

O **balcão** em **mármore** travertino vermelho e as **paredes** com cores em tons quentes de **vermelho** e **dourado** fazem referência à bandeira de Veneza. O **piso**, até a altura do rodapé de 20 centímetros, foi revestido de cerâmica verde-mar turquesa. A **base das mesas e bancos** recebeu o mesmo tom de água até a altura de 20 centímetros do piso, criando a sensação, à distância, de que o espaço está alagado, cheio de água até o rodapé.

Cicchetti Bar é um **tipo** famoso de bar que serve os *cicchetti* em **Veneza**. *Cicchetti* (no singular, *cicchetto*) é o termo italiano utilizado para representar pequenos salgadinhos servidos num pratinho e escolhidos um a um pelo cliente para acompanhar um drink/coquetel.

BAR EM HOTEL

Este tipo de bar tende a não desaparecer facilmente, pois está diretamente ligado a uma **estrutura maior**, que, de certa forma, **garante** uma clientela mínima.

Algumas estruturas chegam a criar espaços de socialização tão **significativos** e **convidativos** que acabam contribuindo para aumentar a freguesia do hotel, num processo inverso, ao atrair o cliente para apreciar um bom drink ou coquetel, conhecer o hotel e eventualmente se hospedar.

Em pousadas ou em grandes cadeias hoteleiras, esses bares têm uma importante função de conexão social. A **atmosfera** desses espaços está, na maioria dos casos, totalmente relacionada com a **atmosfera e estilo do hotel** ao qual estão associados.

Muitos hotéis, principalmente em grandes cidades, ficaram famosos por explorar um **rooftop bar** (bar no telhado, no topo do edifício), que geralmente fornece vistas panorâmicas incríveis da cidade.

DESIGN SENSORIAL E A EXPERIÊNCIA ESPACIAL

No novo milênio, entramos com força total no **design multissensorial**, e podemos dizer que **não** existe mais volta. Essa **tendência** veio para ficar e **orientar** o mundo do design como um todo.

A **pandemia** pode ser considerada uma das responsáveis por esse novo enfoque do design.

Garantir e beneficiar o **desempenho pleno** das capacidades **físicas**, **emocionais** e **mentais** (profissionais) das pessoas que frequentam, ou seja, que vivem os (e nos) espaços é o principal objetivo da aplicação dos princípios do design multissensorial.

Um dos pontos fundamentais será escolher o banco que mais se adaptará ao estilo definido para o projeto. Independentemente do seu aspecto visual, a altura do assento deve ser totalmente compatível com a altura do tampo ao qual será associado.

Os bancos de 45 centímetros de altura devem estar acoplados a tampos com 75 centímetros; os de 60 centímetros, a tampos com 90 centímetros; os de 100 centímetros, a tampos com 70 centímetros. Portanto, mantenha sempre uma distância de 30 centímetros entre a altura do banco e a altura do tampo.

O que entendemos por "novo" **enfoque** não significa uma mudança total de comportamento, mas sim **enxergar** o que sempre foi **evidente**, mas ignorado por grande parte dos designers do mundo todo: a importância do **bem-estar** das pessoas.

Seguindo essa linha de pensamento, que expliquei detalhadamente no meu livro *Vivendo os espaços: design de interiores e suas novas abordagens* (Gurgel, 2022), encontramos alguns projetos de bares que exploraram **especificamente** o estímulo dos sentidos como **diferenciador** de projeto e se destacaram num mundo comercial cada vez mais competitivo.

Sem adicionar ao projeto as características do design multissensorial, será muito difícil proporcionar uma **experiência**, uma **vivência do espaço e do momento** às pessoas que frequentam determinado local.

O jogo de luz e sombra e de texturas e lisos ajudou a criar uma intrigante solução para esse cocktail bar com alguns detalhes de *speakeasy*.

Já na entrada do bar grego **The Clumsies**, um corredor de texturas começa a criar sua atmosfera. Os contrastes proporcionam uma sensação bastante agradável e diferenciada, além de intrigante.

GOING DOWN THE RABBIT HOLE

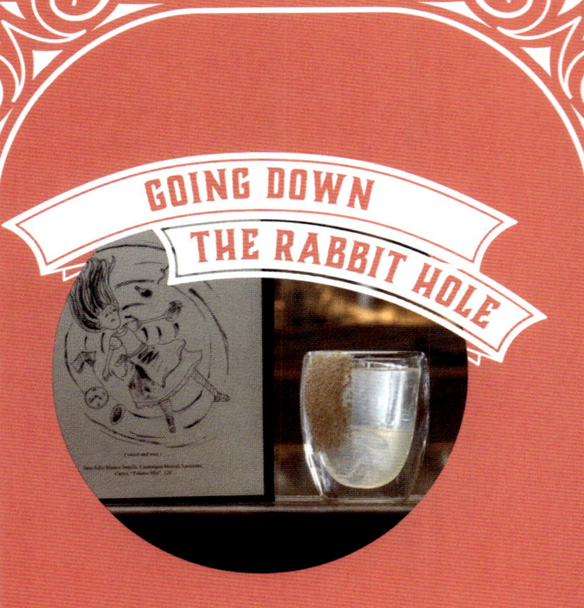

Criado pela equipe de bartenders do **The Clumsies**, o coquetel **Going Down the Rabbit Hole** (Descendo pela Toca do Coelho) faz referência ao livro *Alice no País das Maravilhas*.

Ingredientes

- 45 ml de tequila branca
- 15 ml de mezcal
- 15 ml de lacto cordial de cenoura
- Gelo
- Sal e sobras de cenoura fermentada (para decorar)

Modo de preparo

1. Misture todos os ingredientes em uma coqueteleira e agite bem.
2. Coe em um copo cheio de gelo.
3. Decore com sal e sobras de cenoura fermentada.

CONCLUSÃO?

Será que "nada se cria, tudo se copia"? Prefiro mudar a frase para "talvez pouco se crie e muito se transforme".

> Como mencionado, é preciso haver **mudanças conceituais** para gerar um design que se sobressaia, que seja representativo, que sobreviva ao efêmero e passe a ser inspiração para gerações futuras.

Acredito que estamos caminhando na busca de nossa **nova identidade de socialização**, **de pertencimento**, numa época em que a **tecnologia** dita parte de nosso comportamento, **pandemias** restringem e reorganizam nossa vida, o **clima** reescreve as construções e, infelizmente, **guerras** passam a fazer parte do dia a dia, afetando nosso **conceito** de segurança, felicidade e liberdade.

> No design **comercial**, a **moda** pode ser um fator importante, criando a necessidade de **renovação** e **cuidado** para que o design de interiores **não "envelheça"** com facilidade, para que continue sendo a **representação de uma ideia**, de um **produto**, e não simplesmente a expressão visual de um modismo gerado pelo **consumismo**.

A "febre" dos sucos viu a do café tomar conta dos consumidores. Por sua vez, a do café assistiu à da cerveja chegar e ser superada pela do vinho, que agora perde um pouco de terreno para a dos coquetéis... E assim caminha a humanidade, sempre à procura de algo diferente.

Não podemos esquecer que, se uma moda "pega", a que virá **depois** tenderá a ser **oposta**. Por exemplo: os tecidos estampados, florais e lisos se alternam no estofamento de móveis. Se utilizamos muitos detalhes decorativos na moda hoje, isso significa a volta de um tipo de minimalismo amanhã.

Nessa busca por um design que **reflita quem somos** e o que esperamos de nossas vidas, novos estilos acabam aparecendo. Quer sejam estilos **novos ou releituras**, designers e arquitetos buscam inspiração no que **está acontecendo** no mundo, na **tecnologia** (que muda nossa vida a cada instante), ou ainda nos **tempos** que passaram e não voltam mais.

Talvez os profissionais busquem trazer de volta aquela **esperança**, **elegância** e **glamour** dos anos 1950; ou, através dos *speakeasies*, criar um pouco mais de privacidade e suspense, uma vez que "tudo" que fazemos, comemos e sentimos está na internet, à disposição de muitos.

O grupo **Memphis** foi muito **criticado nos anos 1980** e voltou, com cara nova, como "*cool*" no começo deste novo século, como se **nunca** tivesse sido considerado muito estranho (para não dizer ridículo) por alguns.

O **movimento London Fabulous**, que revive as cores, formas e energia dos estilos **Memphis** e **pós-moderno**, embora procure não se associar a nenhum deles, espalhou-se e ainda se espalha colorindo novamente o mundo "minimalista" rígido com seus tons de areia e acromáticos. O mundo, de certa forma, está pedindo vida!

Outra opção apareceu, por volta de 2020, "vestida" de **boho** (boêmia), que por sua vez se inspirou no **estilo boêmio francês** (início do século XIX) e **hippie** dos anos 1960/1970, apesar de não ter nenhuma conotação **revolucionária**.

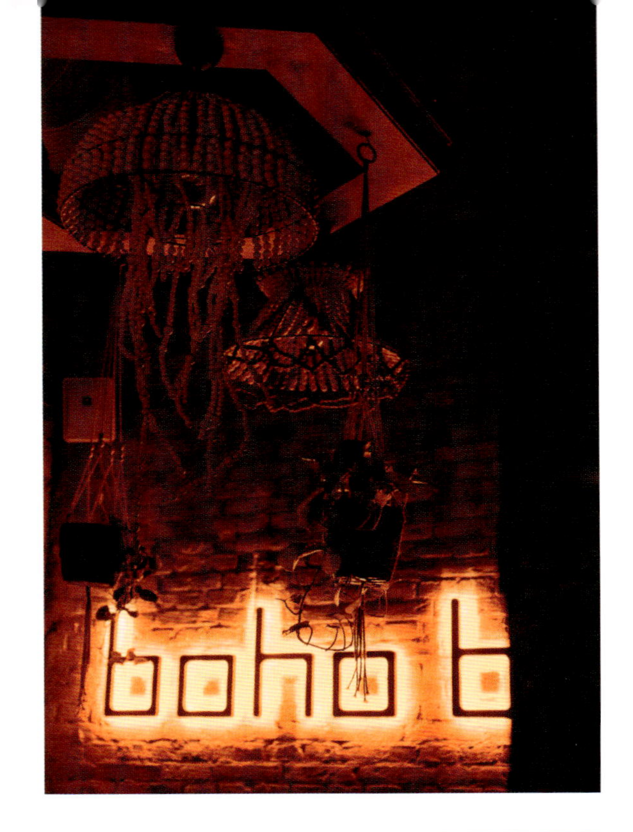

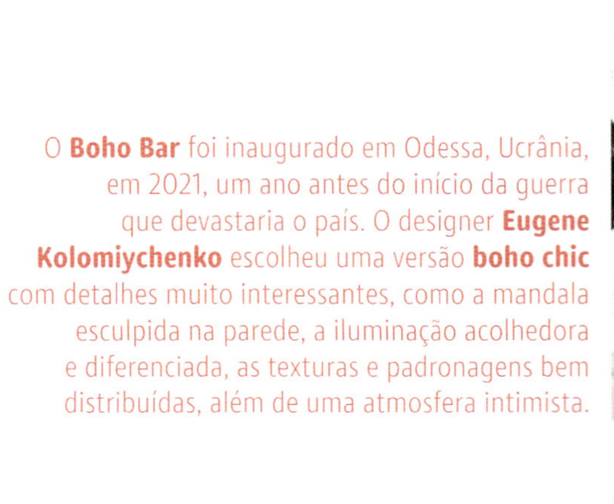

O **Boho Bar** foi inaugurado em Odessa, Ucrânia, em 2021, um ano antes do início da guerra que devastaria o país. O designer **Eugene Kolomiychenko** escolheu uma versão **boho chic** com detalhes muito interessantes, como a mandala esculpida na parede, a iluminação acolhedora e diferenciada, as texturas e padronagens bem distribuídas, além de uma atmosfera intimista.

O **macramê** voltou com força total com o **estilo boho**, e assim aconteceu, com diferentes **texturas**, **plantas** e **velas**, a **mistura** de "um pouco disto com um pouco daquilo", com a volta da **valorização** do **artesanato** e das peças de **antiquário** ou **mercado de pulgas**, e a busca pela **completa personalização** dos ambientes.

Blackberry Gimlet é uma deliciosa mistura de amora, capim-limão aromático e folhas de lima kaffir criada pelo **Boho Bar**.

Segundo **Vuitton Louis**,[3] este coquetel não só nos leva a uma viagem gustativa inesquecível como também revela todo o sabor e aroma das amoras locais, o que o torna uma verdadeira descoberta gastronômica.

3 Conteúdo extraído de entrevista informal com Vuitton Louis, por meio eletrônico, em outubro de 2023.

Ingredientes

- 75 ml de gin com infusão de amora
- 15 ml de suco de limão
- 22 ml de licor de limão-kaffir ou capim-limão
- 5 amoras (2 para decorar)
- 1 folha de hortelã (para decorar)
- Gelo

Modo de preparo

1. Amasse 3 amoras na garrafa de uma coqueteleira.
2. Adicione gelo, gin, suco de limão e o licor.
3. Agite e coe em uma taça Coupe gelada.
4. Decore com amoras frescas num palito e hortelã.

A **sobreposição de planos** é também uma das características fortes do **estilo boho**, seja nos tapetes, nas almofadas ou ainda nos elementos pendentes (plantas, macramê, luminárias, etc.).

Não somos os artistas franceses que almejavam a quebra da rigidez do convencionalismo, mas, de certa forma, o estilo vem ao encontro de um mundo sofrido, com falta de **aconchego**, de **personalização**, e que pede por um pouco mais de **sensibilidade**.

PREPARANDO-SE PARA O FUTURO...

Assim avançamos no novo milênio: procurando uma nova **identidade visual** com a qual possamos nos relacionar sem **medos** e que expresse nosso novo modo de ser.

Surgem novas propostas estéticas, com esquemas cromáticos e de iluminação propícios para que fotos possam ser tiradas e postadas imediatamente no Instagram, com robôs bartenders, bar com assistência contra a violência das mulheres e tantas outras temáticas diferenciadas neste século.

Estamos em constante mudança e evolução, e parece que o "próximo passo" será a **robotização** também dos bares e locais de consumo.

A geração X talvez seja uma das últimas a considerar estranha e **antissocial** a substituição de pessoas por **robôs** num espaço onde a **socialização** é parte importante, fundamental do projeto, se não do próprio *briefing*.

Com as mudanças conceituais que já estamos vivendo, a tecnologia passará, com toda a certeza, a comandar e direcionar ainda mais as soluções espaciais dentro dos ambientes.

Não podemos esquecer que as novas gerações estarão cada vez mais **conectadas** com a tecnologia, muito mais **dependentes** dela do que as anteriores, e, portanto, tudo parecerá **absolutamente** normal.

Impulsionado pela **pandemia** e pela **falta de mão de obra**, o uso de robôs para servir clientes passou a ser uma opção não tão impossível como parecia até então. Evitar o contato entre as pessoas para não contaminar o público fez com que restaurantes e bares pelo mundo começassem a utilizá-los.

Podemos (e devemos) ter fé que designers e arquitetos continuarão a ser criativos, pesquisadores, interessados na parte humana dos projetos e, principalmente, que nunca esquecerão a importância do bem-estar e da saúde física e mental dos consumidores, com ou sem inteligência artificial! **Tim-tim**!

BIBLIOGRAFIA

ACKERMANN, Karl. Culture clubs: a history of the U.S. jazz clubs, part II: New York. **All About Jazz**, nov. 2017. Disponível em: https://www.allaboutjazz.com/culture-clubs-a-history-of-the-us-jazz-clubs-part-ii-new-york-by-karl-ackermann. Acesso em: 26 mar. 2024.

ACKERMANN, Karl. Culture clubs: a history of the U.S. jazz clubs, part I: New Orleans and Chicago. **All About Jazz**, set. 2017. Disponível em: https://www.allaboutjazz.com/culture-clubs-a-history-of-the-us-jazz-clubs-part-i-new-orleans-and-chicago-by-karl-ackermann. Acesso em: 26 mar. 2024.

ANTIQUE COLLECTING. The Memphis Group – the ultimate guide. **Antique Collecting**, abr. 2022. Disponível em: https://antique-collecting.co.uk/2022/04/04/the-memphis-group-guide/. Acesso em: 26 mar. 2024.

APEROL. Prepara il tuo perfetto Aperol Spritz. **Aperol**, [*s. d.*]. Disponível em: https://www.aperol.com/it-it/aperol-spritz-ricetta/. Acesso em: 26 mar. 2024.

ARAÚJO, André Motta. Baiúca, o templo da boemia na Praça Roosevelt. **Jornal GGN**, mar. 2016. Disponível em: https://jornalggn.com.br/cultura/baiuca-o-templo-da-boemia-na-praca-roosevelt-por-andre-araujo/. Acesso em: 5 mar. 2024.

AUGUSTIN, Andreas. The Story of Trader Vic — Bergeron, Victor J (1902-1984). **The Most Famous Hotels in the World**, [*s. d.*]. Disponível em: https://famoushotels.org/news/bergeron-victor-j-trader-vic-1902-1984. Acesso em: 26 mar. 2024.

BACON, Samantha. 4 key elements of contemporary bohemian style. **Making your Home Beautiful**, ago. 2021. Disponível em: https://www.makingyourhomebeautiful.com/4-key-elements-contemporary-bohemian-style/. Acesso em: 26 mar. 2024.

BEATO, Manoel; CABRAL, Bruno. **Queijos brasileiros à mesa**: com cachaça, vinho e cerveja. São Paulo: Editora Senac São Paulo, 2015.

BERRY, Jeff. The original Zombie. **Greatist**, set. 2021. Disponível em: https://greatist.com/eat/the-original-zombie. Acesso em: 29 fev. 2024.

BRASIL. **Decreto nº 6.871, de 4 de junho de 2009**. Regulamenta a Lei nº 8.918, de 14 de julho de 1994, que dispõe sobre a padronização, a classificação, o registro, a inspeção, a produção e a fiscalização de bebidas. Brasília, 2009. Disponível em: https://www.planalto.gov.br/ccivil_03/_ato2007-2010/2009/decreto/d6871.htm. Acesso em: 23 fev. 2024.

BRASILBERG. História: Underberg – Em Rheinberg e no Brasil. **Brasilberg**, [*s. d.*]. Disponível em: https://www.brasilberg.com/pt/historia/. Acesso em: 29 fev. 2024.

BRITANNICA. Bauhaus: german school of design. **Encyclopaedia Britannica**, 2024. Disponível em: https://www.britannica.com/topic/Bauhaus. Acesso em: 26 mar. 2024.

CACHAÇA É PRESENTE. Samba em Berlim. **Cachaça é Presente**, nov. 2011. Disponível em: http://cachacaepresente.blogspot.com/2011/11/drink-samba.html. Acesso em: 26 mar. 2024.

CAPITO, Vanessa. The 10 best hidden speakeasy bars in Perth of 2023. **Hunter and Bligh**, set. 2022. Disponível em: https://www.hunterandbligh.com.au/drink/10-of-perths-best-hidden-bars/. Acesso em: 7 mar. 2024.

CAVALCANTE, Messias S. **A verdadeira história da cachaça**. São Paulo: Sá Editora, 2016.

CICCARELLI, Leonardo. Il Cardinale, il cocktail romano simbolo della Dolce Vita: storia e ricetta del drink. **Cookist**, jul. 2021. Disponível em: https://www.cookist.it/il-cardinale-il-cocktail-romano-simbolo-della-dolce-vita-storia-e-ricetta-del-drink/. Acesso em: 26 mar. 2024.

CLUBE DO BARMAN. A história por trás do cuba libre, símbolo da liberdade de Cuba. **Clube do Barman**, [*s. d.*]. Disponível em: https://clubedobarman.com/cuba-libre-historia/. Acesso em: 26 mar. 2024.

COOKIST. Zombie cocktail: la ricetta del più famoso Tiki drink esotico. **Cookist**, [*s. d.*]. Disponível em: https://www.cookist.it/zombie-cocktail/. Acesso em: 26 mar. 2024.

CRUZ, Luz; JUNE, Chala. Goodbye to the Gay Bar. Hello to the Queer Bar. **Bon Appétit**, jun. 2022. Disponível em: https://www.bonappetit.com/story/gay-lesbian-queer-bars-history. Acesso em: 26 mar. 2024.

CURTIS, Wayne. **And a bottle of rum**: a history of the New World in ten cocktails. New York: Three Rivers Press, 2007.

CURY, Alline. Meu bar, minha vida: invista em bom arsenal de acessórios e ingredientes. **Vogue**, fev. 2017. Disponível em: https://vogue.globo.com/lifestyle/noticia/2017/02/meu-bar-minha-vida-invista-em-um-bom-arsenal-de-acessorios-e-ingredientes-para-chamar-de-seu.html. Acesso em: 26 mar. 2024.

DAICHES, David. **Scotch Whisky**: its past and present. Nova York: HarperCollins, 1969.

DESIGN YOU TRUST. Stunning photos of Elvis Presley's 1960 Luxury Gold Cadillac. **Design You Trust**, 2022. Disponível em: https://designyoutrust.com/2022/05/stunning-photos-of-elvis-presleys-1960-luxury-gold-cadillac/. Acesso em: 5 mar. 2024.

DICCIONARIO ETIMOLÓGICO CASTELLANO EN LÍNEA (DECEL). Alquitara. **Decel**, [*s. d.*]. Disponível em: https://etimologias.dechile.net/?alquitara. Acesso em: 23 fev. 2024.

DIETSCH, Michael. Tiki 101: a beginner's guide. **Serious Eats**, ago. 2018. Disponível em: https://www.seriouseats.com/tiki-cocktail-history-basics-of-tiki-drinks-essential-ingredients. Acesso em: 6 mar. 2024.

DRAKE, Rashea. Home interior design styles: what is bohemian design? **Vevano**, set. 2019. Disponível em: https://vevano.com/blogs/design-101/home-interior-styles-bohemian-design. Acesso em: 26 mar. 2024.

EDRIDGE, Sonja. The 70s cocktails perfect for your 70s theme party. **The Mixer**, nov. 2022. Disponível em: https://www.themixer.com/en-uk/plan/70s-cocktails/. Acesso em: 1 mar. 2024.

ENGLISH, Richard. Barhopping through history: the best bars you'll never visit. **Modern Drunkard**, [*s. d.*]. Disponível em: https://drunkard.com/53_barhop_history/. Acesso em: 7 mar. 2024.

FORSYTH, Mark. **A short history of drunkenness**. Londres: Penguin Random House, 2017.

FRAGA, Tatiana. Cognac: os segredos da bebida francesa. **Revista ADEGA**, [*s. d.*]. Disponível em: https://revistaadega.uol.com.br/artigo/cognac-os-segredos-da-bebida-francesa_6053.html. Acesso em: 23 fev. 2024.

FURTADO, Edmundo. **Copos de bar e mesa**: história, serviço, vinhos e coquetéis. 2. ed. São Paulo: Editora Senac São Paulo, 2009.

G1. Década de 1920 foi o período das transformações no Brasil. **G1**, 2015. Disponível em: https://g1.globo.com/pe/pernambuco/video/decada-de-1920-foi-o-periodo-das-transformacoes-no-brasil-2955608.ghtml. Acesso em: 26 mar. 2024.

G1. Por vista privilegiada, paulistanos e turistas vão a bar a 160 m. **G1**, 17 jan. 2009. Disponível em: https://g1.globo.com/Noticias/SaoPaulo/0,,MUL959589-5605,00-POR+VISTA+PRIVILEGIADA+PAULISTANOS+E+TURISTAS+VAO+A+BAR+A+M.html. Acesso em: 26 mar. 2024.

GIULIANO, Giorgia. Il Cardinale è un drink che assomiglia molto al Negroni. **Coqtail Milano**, ago. 2021. Disponível em: https://www.coqtailmilano.com/cardinale-cocktail-storia-ingredienti-procedimento/. Acesso em: 26 mar. 2024.

GOLDFARB, Aaron. Revisiting TGI Fridays and the revolutionary "Fern" Bars of late-1960s New York. **InsideHook**, maio 2020. Disponível em: https://www.insidehook.com/article/food-and-drink/upper-east-side-fern-singles-bar-history-1960s-tgi-fridays. Acesso em: 26 mar. 2024.

GREENWOOD, Osie. Every Austin Powers movie in order. **MovieWeb**, ago. 2023. Disponível em: https://movieweb.com/austin-powers-movies-in-order/#every-austin-powers-movie-in-order. Acesso em: 26 mar. 2024.

GURGEL, Miriam. **Vivendo os espaços**: design de interiores e suas novas abordagens. São Paulo: Editora Senac São Paulo, 2022.

HIDDEN SOUND. Hidden Sound x Bar Basso Negroni Sbagliato 55th Anniversary Edition. **Hidden Sound GmbH**, 2023. Disponível em: https://www.hiddensound.ch/post/bar-basso-x-hidden-sound-negroni-sbagliato-limited-edition. Acesso em: 26 mar. 2024.

HOMELANE. 10 reasons why interior designers do not like boho style. **HomeLane**, 30 jun. 2022. Disponível em: https://www.homelane.com/blog/why-interior-designers-do-not-like-boho-style/. Acesso em: 12 abr. 2024.

HOMMÉS STUDIO. Boho, a timeless design style for interiors. **Hommés Studio**, jan. 2022. Disponível em: https://hommes.studio/journal/boho-a-timeless-design-style-for-interiors/. Acesso em: 26 mar. 2024.

ILCHI, Layla. Who is Halston? Everything to know about the iconic fashion designer and his legacy. **WWD**, maio 2021. Disponível em: https://wwd.com/fashion-news/fashion-features/who-is-halston-fashion-designer-netflix-show-1234818275/. Acesso em: 26 mar. 2024.

INSTITUT NATIONAL DE L'ORIGINE ET DE LA QUALITÉ (INAO). Cahier des charges de l'appellation d'origine contrôlée «Cognac» ou «Eau-de-vie de Cognac» ou «Eau-de-vie de Charentes». **INAO**, 20 jun. 2018. Disponível em: https://extranet.inao.gouv.fr/fichier/3-AGRT--CdC-aoc-Cognac.doc.pdf. Acesso em: 23 fev. 2024.

INSTITUTO BRASILEIRO DA CACHAÇA (IBRAC). Reconhecimento da cachaça no mercado internacional (valorização, promoção e proteção). **IBRAC**, [*s. d.*]. Disponível em: https://www.gov.br/agricultura/pt-br/assuntos/camaras-setoriais-tematicas/documentos/camaras-tematicas/negociacoes-agricolas/anos-anteriores/reconhecimento-da-cachaca-no-mercado-internacional-17.pdf. Acesso em: 23 fev. 2024.

KEG N BOTTLE. Os 10 icônicos coquetéis da era da Lei Seca: beba como se fosse os anos 1920! **Keg N Bottle**, set. 2020. Disponível em: https://kegnbottle.com/blogs/news/10-iconic-prohibition-era-cocktails-drink-like-it-s-the-1920s. Acesso em: 1 fev. 2024.

KELLY RICH, Frank. Your guide to home bars. **Modern Drunkard**, n. 57, [*s. d.*]. Disponível em: https://drunkard.com/your-guide-to-home-bars/. Acesso em: 26 mar. 2024.

KELLY, Erin. Glamour, gangsters, and racism: 30 photos inside Harlem's Infamous Cotton Club. **All That's Interesting**, mar. 2019. Disponível em: https://allthatsinteresting.com/cotton-club. Acessoem: 26 mar. 2024.

LAVISH HABITS. Somewhere in Chinatown, Northbridge lies Sneaky Tony's. Can you find it? **Lavish Habits**, [*s. d.*]. Disponível em: https://www.lavishhabits.com.au/venues/sneaky-tonys/. Acesso em: 7 mar. 2024.

LEVANIER, Johnny. Memphis Design: the defining look of the 1980s. **99designs**, 2021. Disponível em: https://99designs.com/blog/design-history-movements/memphis-design/. Acesso em: 26 mar. 2024.

LIQUOR.COM. Mai Tai. **Liquor.com**, 2020. Disponível em: https://www.liquor.com/recipes/traditional-mai-tai/. Acesso em: 7 mar. 2024.

LISTE, Tais. Origen e historia del Aguardiente de Galicia. **Orujo de Galicia**, jun. 2023. Disponível em: https://orujodegalicia.org/origen-e-historia-del-aguardiente-de-galicia/. Acesso em: 23 fev. 2024.

MADURO, Sergio. Um brinde ao Baijiu. **Instituto Confúcio**, fev. 2020. Disponível em: https://www.institutoconfucio.com.br/um-brinde-ao-baijiu/. Acesso em: 23 fev. 2024.

MCGARRIGLE, Lia. Bar Basso: the milanese cocktail mecca you need to own a piece of. **Highsnobiety**, 2023. Disponível em: https://www.highsnobiety.com/p/bar-basso-lookbook-buy/. Acesso em: 26 mar. 2024.

MEISE, John. Glovebox minibar gives drinking and driving a whole new meaning. **CarDebater**, jan. 2014. Disponível em: https://www.cardebater.com/glovebox-minibar-gives-drinking-and-driving-a-whole-new-meaning/. Acesso em: 5 mar. 2024.

MESQUITA, Alex. O crescimento dos bares de drinks no Brasil. **Aramis**, 19 jan. 2023. Disponível em: https://www.aramisway.com.br/trending/o-crescimento-dos-bares-de-drinks-no-brasil/. Acesso em: 7 mar. 2024.

MILLARD, Ellen. The modern designers inspired by the Memphis Movement. **Luxury London**, out. 2019. Disponível em: https://luxurylondon.co.uk/lifestyle/interiors/memphis-design/. Acesso em: 26 mar. 2024.

MORRIS, Ali. Venice floodwaters inform two-tone interior of Warsaw bar Va Bene Cicchetti. **Dezeen**, out. 2022. Disponível em: https://www.dezeen.com/2022/10/06/va-bene-cicchetti-bar-warsaw-noke-architects-interior/. Acesso em: 26 mar. 2024.

MOTA, Camilla Veras. A história da bebida alemã que passou meio século sob disputa no Brasil. **BBC Brasil**, 29 ago. 2017. Disponível em: https://www.bbc.com/portuguese/brasil-41031695. Acesso em: 29 fev. 2024.

NETO, Tiago; DAVID, Teresa. Bares românticos em Lisboa para impressionar num encontro. **Time Out**, 31 dez. 2023. Disponível em: https://www.timeout.pt/lisboa/pt/bares/bares-romanticos-em-lisboa. Acessoem: 26 mar. 2024.

NORDSTROM, Leigh. Cutting the 'Halston' Cloth. **WWD**, maio 2021. Disponível em: https://wwd.com/feature/halston-netflix-costumes-ewan-mcgregor-jeriana-san-juan-1234822920/. Acesso em: 26 mar. 2024.

O TEMPO. Biblioteca do Congresso americano seleciona 25 filmes como patrimônio histórico. **O Tempo**, 29 dez. 2010. Disponível em: https://www.otempo.com.br/entretenimento/biblioteca-do-congresso-americano-seleciona-25-filmes-como-patrimonio-historico-1.136253. Acesso em: 26 mar. 2024.

OBRZUD, Kasia. Design styles defined: your guide to bohemian interiors. **Hogan Design & Construction**, jul. 2022. Disponível em: https://www.hogandesignandconstruction.com/blog/design-styles-defined-your-guide-to-bohemian-interiors. Acesso em: 26 mar. 2024.

ODA, Carolina. É rabo de galo, mas pode chamar de cocktail. **Estadão**, 20 jul. 2016. Disponível em: https://www.estadao.com.br/paladar/bebida/e-rabo-de-galo-mas-pode-chamar-de-cocktail/. Acesso em: 23 fev. 2024.

OLDENBURG, Ray. **The great good place**: cafes, coffee shops, bookstores, bars, hair salons, and other hangouts at the heart of a community. Cambridge: Da Capo Press, 1999.

OLIVEIRA, Abrahão. A bebida com mais de 100 anos: a história da caipirinha. **SP In Foco**, set. 2019. Disponível em: https://www.saopauloinfoco.com.br/a-bebida-com-mais-de-100-anos-a-historia-da-caipirinha/. Acesso em: 26 mar. 2024.

ORLOV, Piotr. Still saving the day: the most influential dance party in history. **NPR**, fev. 202. Disponível em: https://www.npr.org/2020/02/19/807333757/still-saving-the-day-the-most-influential-dance-party-in-history-turns-50. Acesso em: 26 mar. 2024.

PACULT, F. Paul. Mapping rum by region. **Wine Enthusiast**, jul. 2002.

PATEL, Anish. What is a speakeasy bar? **Tinto Amorio**, 2022. Disponível em: https://drinktinto.com/blogs/wine-wisdom/what-is-a-speakeasy-bar. Acesso em: 26 mar. 2024.

PEREIRA, Ricardo. Zombie: história e receita completa. **Dose Extra**, abr. 2023. Disponível em: https://doseextraoficial.com.br/zombie-historia-e-receita-completa/. Acesso em: 26 mar. 2024.

RADKEY, Doug. Bar Design 101. **KRG Hospitality**, jul. 2018. Disponível em: https://krghospitality.com/2018/07/26/bar-design-101/. Acesso em: 7 mar. 2024.

RENOUARD, Y. O grande comércio do vinho na Idade Média. **Revista de História (USP)**, v. 6, n. 14, p. 301-314, 1953.

RUSCHEL, R. R. **O valor global do produto local**: a identidade territorial como estratégia de marketing. São Paulo: Editora Senac São Paulo, 2019.

SEVERN, Carly. Drinking with 'Mad Men': cocktail culture and the myth of Don Draper. **NPR**, abr. 2015. Disponível em: https://www.npr.org/sections/thesalt/2015/04/05/397352082/drinking-with-mad-men-cocktail-culture-and-the-myth-of-don-draper. Acesso em: 7 mar. 2024.

SHEEN RESISTANCE. Disco goes to the movies. **Sheen Resistance**, jul. 2018. Disponível em: http://www.sheen-resistance.com/top-disco-movies/. Acesso em: 26 mar. 2024.

SILVA, Jairo Martins da. **Cachaça**: história, gastronomia e turismo. São Paulo: Editora Senac São Paulo, 2018.

SMITH, Lynn. 'Mad Men' and Jack Daniel's: bad mix? **Los Angeles Times**, jun. 2007. Disponível em: https://www.latimes.com/archives/la-xpm-2007-jun-21-fi-jack21-story.html. Acesso em: 7 mar. 2024.

SOUZA, Miguel. Bossa Nova. **Brasil Escola**, [*s. d.*]. Disponível em: https://brasilescola.uol.com.br/artes/bossa-nova.htm. Acesso em: 26 mar. 2024.

TADEY, Renee; CHOW, Dave. **Detroit Tiki**: a history of polynesian palaces & tropical cocktails. Cheltenham: The History Press, 2022.

TEODORCZUK, Tom. 'Only the mafia does better' — Studio 54's business secrets revealed in new documentary. **MarketWatch**, 5 fev. 2018. Disponível em: https://www.marketwatch.com/story/only-the-mafia-does-better-the-business-secrets-of-studio-54-revealed-in-new-documentary-2018-01-30. Acesso em: 26 mar. 2024.

THE ART STORY. Art Deco. **The Art Story Foundation**, [*s. d.*]. Disponível em: https://www.theartstory.org/movement/art-deco/. Acesso em: 7 mar. 2024.

THE DESIGN MUSEUM. Memphis Group: awful or awesome? **The Design Museum**, [*s. d.*]. Disponível em: https://designmuseum.org/discover-design/all-stories/memphis-group-awful-or-awesome. Acesso em: 26 mar. 2024.

THE MOB MUSEUM. Speakeasies. **The Mob Museum**, [*s. d.*]. Disponível em: https://prohibition.themobmuseum.org/wp_quiz/speakeasies/. Acesso em: 26 mar. 2024.

THE MOB MUSEUM. The Rise of Jazz and Jukeboxes. **The Mob Museum**, [*s. d.*]. Disponível em: https://prohibition.themobmuseum.org/the-history/how-prohibition-changed-american-culture/jazz-and-jukeboxes/. Acesso em: 26 mar. 2024.

THE SYNCOPATED TIMES. Duke Ellington and his Cotton Club Orchestra. **The Syncopated Times**, [*s. d.*]. Disponível em: https://syncopatedtimes.com/duke-ellington-and-his-cotton-club-orchestra/. Acesso em: 6 mar. 2024.

TROPICAL SMOG. My Guaraná Cocktail. **Tropical Smog**, nov. 2013. Disponível em: https://tropicalsmog.wordpress.com/2013/11/10/my-guarana-cocktail/. Acesso em: 26 mar. 2024.

UOL. Pelé, Jô, Hebe: os personagens e a história do Terraço Itália, ícone de SP. **Uol**, 28 mar. 2023. Disponível em: https://www.uol.com.br/nossa/noticias/redacao/2023/03/28/pele-jo-hebe-os-personagens-e-a-historia-do-terraco-italia-icone-de-sp.htm. Acesso em: 26 mar. 2024.

VALERIANI, Maurizio. Drink Marcello, Come Here! (ispirato al film "La Dolce Vita", di Federico Fellini, 1960) di Carmelo Buda. **Vinodabere**, 16 jan. 2020. Disponível em: https://vinodabere.it/drink-marcello-come-here-ispirato-al-film-la-dolce-vita-di-federico-fellini-1960-di-carmelo-buda/. Acesso em: 1 mar. 2024.

WALLECTOR. Functional design: bar cabinet and its cinematic atmosphere. **Wallector**, 5 maio 2023. Disponível em: https://magazine.wallector.com/bar-cabinet-cinematic-atmosphere/. Acesso em: 12 abr. 2024.

WATERTIGER. Our favourite boho interior design trends. **Watertiger**, jan. 2021. Disponível em: https://watertiger.com.au/blogs/travel-journal/our-favourite-boho-interior-design-trends. Acesso em: 26 mar. 2024.

WEAVER, Carly. What you need to know about Don the Beachcomber, the original Tiki bar. **Food Republic**, jun. 2023. Disponível em: https://www.foodrepublic.com/1295353/inside-don-the-beachcomber-original-tiki-bar/. Acesso em: 6 mar. 2024.

WICKS, Lauren. These are the 50 best cocktail bars in the world, according to experts. **Veranda**, nov. 2020. Disponível em: https://www.veranda.com/luxury-lifestyle/a34620731/best-cocktail-bars-in-the-world/. Acesso em: 7 mar. 2024.

WOODGRAIN. Bohemian interior design for beginners. **Woodgrain**, [*s. d.*]. Disponível em: https://www.woodgrain.com/bohemian-interior-design-for-beginners/. Acesso em: 26 mar. 2024.

WULICK, Anna. Every Great Gatsby movie, compared: 2013, 1974, 1949. **PrepScholar**, [*s. d.*]. Disponível em: https://blog.prepscholar.com/the-great-gatsby-movies. Acesso em: 26 mar. 2024.

SITES

http://alambiques.com/
https://agosandco.com.au
https://blog.theginflavors.com.br/
https://buttetour.info/
https://pos.toasttab.com
https://punchdrink.com
https://thehomebarcompany.co.uk
https://www.alenlin.com
https://www.baressp.com.br/
https://www.bl.uk/
https://www.canalhistory.com.br/
https://www.tcm.com/
https://www.terracoitalia.com.br
https://www.theclumsies.gr/
https://terrazza.aperol.com/

CRÉDITOS DAS IMAGENS

FOTOS

® Agilson Gavioli: p. 21, p. 39, p. 41, p. 46 | ® Amato Cavalli: p. 87, p. 112 | Ana Luiza de Medeiros Leite: p. 57 | ® Andy Liffner: p. 162 | ® Annette Ball: p. 168-169 | ® Antonio Piciulo: p. 158-159 | ® Drosophyla Bar: p. 43, p. 45 | ® Fabian Christ: p. 163 | ® Hayden Pattullo/Damon Hayes Couture: p. 155-156-157 | ® Jocken Hirschfeld: p. 115 | ® Júlio de Castro Gavioli: p. 37, p. 63-64 | ® Kosmas Koumianos: p. 170-171-172 | ® Lufe Gomes: p. 102 | ® Maybe Sammy: p. 127-128 | ® Miriam Gurgel: p. 90 | ® Piotr Maciaszek: p. 165-166 | ® Vinicius Thomazetto: p. 27 | ® Robert Walsh: p. 140-141 | ® Robson Souza: p. 59 | ® Sneaky Tony's: p. 96-97, p. 101, p. 152-153 | ® South Beach Hotel: p. 150 | ® Vuitton Louis: p. 174-175-176

ILUSTRAÇÕES

® Agilson Gavioli: p. 26 | ® Miriam Gurgel: p. 80-81, p. 89, p. 94-95, p. 104, p. 108, p. 120-121-122, p. 130, p. 132, p. 135, p. 145

SOBRE OS AUTORES

Arquiteta pela Universidade Presbiteriana Mackenzie com aperfeiçoamento em cursos na Itália, atua nas áreas de arquitetura, design e design de interiores. Reside na Austrália, onde lecionou nos cursos de extensão da University of Western Australia (UWA) e nos cursos de formação de designers de residências no Central Tafe, ambos em Perth, WA. Atua também como consultora e palestrante, ministrando aulas ao vivo ou em videoconferência para diferentes universidades do Brasil.

Autora de *Projetando espaços: design de interiores; Projetando espaços: guia de arquitetura de interiores para áreas residenciais; Projetando espaços: guia de arquitetura de interiores para áreas comerciais; Projetando cozinhas: do sonho ao design; Design passivo: baixo consumo energético; Vivendo os espaços: design de interiores e suas novas abordagens; Organizando espaços: guia de decoração e reforma de residências; Cerveja com design; Café com design: a arte de beber café;* e *Vinho com design,* obras publicadas pela Editora Senac São Paulo.

Docente do Senac São Paulo na área de Sala & Bar, é graduado em artes plásticas, pós--graduado em docência no ensino superior e possui formação em diversos cursos: bebidas, barista, bartender, sommelier de vinhos e cervejas, entre outros. Lecionou nos cursos de graduação em instituição com parceria ADF. Acompanha as tendências de mercado e as novidades por meio de viagens, feiras e networking, dá palestras e sugere vinhos em harmonizações para todos os tipos de gastronomia.

Atua como jurado em eventos, tais como o Concurso de Vinhos e Cachaças do Brasil, é ex-diretor técnico da SBAV-SP, a confraria de vinhos mais antiga do Brasil, fundada em 1980, e participa da montagem de cartas de bebidas para restaurantes. É, ainda, membro fundador de uma confraria direcionada ao propósito de harmonizar a gastronomia brasileira com os vinhos, chamada, muito acertada e carinhosamente, de “Taninos no Tucupi”, e coautor do livro *Vinho com design*, publicado pela Editora Senac São Paulo.

FSC
www.fsc.org
MISTO
Papel | Apoiando o manejo florestal responsável
FSC® C044162